塔里木河流域水资源管理

托乎提·艾合买提
何 宇 陈小强 黄 强 等著

黄河水利出版社
·郑 州·

内 容 提 要

本书全面系统地论述了塔里木河流域水资源管理,分析了流域水资源管理体制现状,总结了流域水资源管理存在的主要问题;在介绍国内外流域水资源管理的基础上,针对流域水资源管理的特点,论述了流域地表水与地下水、水量与水质实行统一规划、统一管理和统一经营,以及控制水污染和管理水生态环境等方面的理论与方法;从法律、行政、经济、科技、市场等五大角度论述了塔里木河流域水资源管理体制与机制的创新,提出了以流域为单元的管理模式。

本书可供从事水文学及水资源、生态环境、农田水利等相关专业的科研和管理人员参考使用,也可供大专院校相关专业的师生阅读参考。

图书在版编目(CIP)数据

塔里木河流域水资源管理/托乎提·艾合买提等著. —
郑州:黄河水利出版社,2014.9
ISBN 978 - 7 - 5509 - 0915 - 1

Ⅰ.①塔…　Ⅱ.①托…　Ⅲ.①塔里木河 - 流域 - 水资源 - 资源管理 - 研究　Ⅳ.①TV213.4

中国版本图书馆 CIP 数据核字(2014)第 213926 号

组稿编辑:王路平　电话:0371 - 66022212　E-mail:hhslwlp@ 126. com

出　版　社:黄河水利出版社
　　　　　地址:河南省郑州市顺河路黄委会综合楼 14 层　邮政编码:450003
发行单位:黄河水利出版社
　　　　　发行部电话:0371 - 66026940、66020550、66028024、66022620(传真)
　　　　　E-mail:hhslcbs@ 126. com
承印单位:河南新华印刷集团有限公司
开本:890 mm × 1 240 mm　1/32
印张:4.875
字数:140 千字　　　　　　　　　印数:1—1 000
版次:2014 年 9 月第 1 版　　　　　印次:2014 年 9 月第 1 次印刷

定价:22.00 元

前　言

　　我国的水资源具有明显的双重性特点,既有水资源总量大的优势,又有人均水资源占有量少的劣势;既有对水资源进一步综合开发利用的潜力,又有水质水量下降的隐患。尽管我国经济发展过程中水资源短缺和供需矛盾产生的原因是多方面的,但是最主要的还是由我国现行的水资源管理体制本身造成的。

　　目前,世界上水资源管理的主流或趋势是以流域为单元的水资源管理体制。那么什么是流域水资源管理? 它的定义、本质、内涵、职能、任务是什么? 应当建立什么样的管理体制? 采取怎么样的管理机制? 这是在流域水资源管理体制改革中必须界定清楚的问题。

　　2011 年水利部公益性行业科研专项经费项目"塔里木河流域水量分配关键技术研究"正式启动,其中塔里木河流域管理局承担了"塔里木河流域水资源统一管理体制与运行机制研究"专题。为了进一步扩大影响,使其成果得到推广应用,并便于与同行专家进行理论探讨和学术交流,现将研究成果整理编辑成书。

　　本书以科学发展观为指导,研究了流域管理与行政区域管理相结合、行政区域管理服从流域管理体制,分析了深化流域管理体制机制改革,强化流域管理职能,落实最严格的流域水资源统一管理制度,建立了事权明晰、层析分明、运作规范、政令畅通的以流域为单元的水资源管理体制。研究成果对促进塔里木河流域水资源可持续利用具有重要的现实意义,为流域经济、社会可持续发展和生态文明建设提供了科技支撑。本书内容分为五大部分,包括塔里木河流域概况、水资源管理的理论基础、塔里木河流域管理体制与机制现状分析、流域管理体制与机制亟待解决的问题、塔里木河流域水资源管理体制与机制的深化改革与创新。

　　本书由托乎提·艾合买提、何宇、陈小强、黄强等共同撰写,由西安理工大学水利水电学院黄强教授统稿。参加课题研究的人员还有饶振峰、魏强、库尔班·克依木、袁著春、孟栋伟等，在此一并表示感谢！

由于本书部分成果有待进一步深入研究，书中难免存在不足和不妥之处，敬请读者批评指正。

作 者

2014 年 5 月

目　录

第 1 章　绪　论

1.1　研究背景

　　水资源是基础性自然资源,是生态环境的控制性资源,是战略性经济资源,是国家综合实力的重要组成部分。我国多年平均水资源总量为 28 400 亿 m³,其中地表水资源量为 27 400 亿 m³,地下水资源量为 8 218 亿 m³,地下水与地表水重复水量为 7 194 亿 m³。水资源总量为世界第 6 位,但人均水资源量仅为 2 114 m³,仅为世界平均值的 28%,耕地亩均水资源量也只有 1 500 m³ 左右,为世界平均值的 50% 左右。同时,我国水资源时空分布不均,与生产力布局不匹配,北方地区尤为明显,以占全国 19% 的水资源总量承载了全国 64% 的土地面积、46% 的人口、60% 的耕地和 45% 的 GDP,其中黄河、淮河、海河三大流域人均水资源占有量更是不足 450 m³,水资源总量仅占全国的 7%,缺水形势极其严峻。我国这种水资源格局特点容易造成旱涝灾害,水资源开发利用难度大,导致水资源供需矛盾突出。

　　20 世纪 80 年代以来,随着人类社会的快速发展和生活水平的不断提高,人类对河流的索取日益增加、破坏日益严重,很多河流生态环境日益恶化。由于内陆河地区特殊的产流、用水耗水特点,下游生态环境恶化态势更加明显。诸如石羊河下游河道断流,尾闾湖泊青土湖干涸,黑河下游河道断流,西居延海、东居延海相继干涸,塔里木河干流下游河段断流,尾闾台特玛湖干涸等。内陆河下游绿洲和尾闾湖泊退化萎缩是生态环境恶化的具体表现,也是制约区域经济社会可持续发展的主要因素。黑河下游额济纳绿洲是我国第二大胡杨林生长地,且它与西北风向正交,是阻挡风沙进入我国内陆的第一道绿色屏障;石羊河下游民勤绿洲的萎缩将促使腾格里和巴丹吉林两大沙漠的合拢,合拢的情势很可能激活凉州区北部流动沙丘,进而导致河西走廊、丝绸之路、亚欧大陆桥被沙漠拦腰截断;塔里木河下游绿色走廊是阻断塔克拉玛干沙漠与库姆塔格沙漠汇合的保障线,对下游人民的经济发展作用巨大,沙漠中绿洲的价值不能低估,世界第一的胡杨林绿洲的价值更不能低估。内陆河下游绿洲和尾闾湖泊退化萎缩,已引起社会的广泛关注。

因此,需遵照科学发展观、人水和谐的宗旨,顺应党的十八大提出的"必须树立尊重自然、顺应自然、保护自然的生态文明理念"要求,2010 年水利部设立了"塔里木河流域水量分配关键技术研究"公益性行业科研专项经费项目。该项目于 2011 年正式启动,总体研究目标是合理估算维持塔里木河干流生态稳定的天然植被生态需水量;建立塔里木河流域"四源一干"水量分配和评价模型,构建塔里木河流域水量分配模式和技术平台,探索塔里木河流域水资源统一管理体制与运行机制,提出塔里木河流域"四源一干"水量分配关键技术的理论、方法与措施,为塔里木河流域水资源可持续利用提供科技支撑。

针对项目研究目标,项目设置了"塔里木河流域水资源统一管理体制与运行机制研究"专题。该专题由塔里木河流域管理局承担,协作单位有黄河水利科学研究院引黄灌溉工程技术研究中心、西安理工大学。

本书是在"塔里木河流域水资源统一管理体制与运行机制研究"专题 3 年的研究基础上撰写完成的。

1.2　研究目的和意义

塔里木河自身不产流,历史上塔里木河流域的九大水系均有水汇入塔里木河干流。随着人口的增加,经济、社会的发展,水资源的无序开发和低效利用,源流向干流输送的水量逐年减少,五条源流相继脱离干流,与塔里木河干流有地表水联系的只有阿克苏河、叶尔羌河及和田河三条源流,孔雀河通过扬水站从博斯腾湖抽水经库塔干渠向塔里木河下游输水,形成了"四源一干"的格局。从 20 世纪 70 年代至 90 年代,塔里木河下游近 400 km 的河道长年断流,尾闾台特玛湖干涸,大片胡杨林死亡,生态环境日趋恶化,已成为制约流域经济社会和生态环境可持续发展的主要因素。为了挽救塔里木河下游生态环境,2001 年 6 月 27 日国务院批准实施了《塔里木河流域近期综合治理规划报告》,启动了塔里木河流域近期综合治理项目。项目实施以来,塔里木河流域综合治理和生态环境保护建设取得了阶段性成效,流域水资源统一管理也不断加强,但不按规划要求无序扩大灌溉面积增加用水,不执行流域水量统一调度管理抢占、挤占生态水,不按塔里木河流域规划确定的输水目标向塔里木河输水的现象时有发生,源流实际下泄塔里木河干流水量与塔里木河近期综合治理目标还有较大的差距,新增加的耕地不仅占用了通过塔里木河近期治理节水工程实现的节增水量,还占用了原来河道的下输生态水量。

为改变塔里木河流域水资源管理体制不完善带来的诸多问题,2011 年 2 月新疆维吾尔自治区 19 届人民政府常务会议决定,塔里木河流域建立流域水资源管理新体制。如何深化新体制和完善机制,是现行流域管理体制与运行机制改革的重点。本研究以贯彻科学发展观,建立流域管理与行政区域管理相结合,行政区域管理服从流域管理体制为核心,深化流域管理体制机制改革,强化流域管理职能,落实最严格流域水资源统一管理制度,建立事权明晰、层次分明、运作规范、政令畅通、统一权威高效的流域水资源管理体制机制,促进流域水资源可持续利用,为流域经济、社会可持续发展和生态文明建设提供支撑,具有重要的现实意义。

本书从分析塔里木河流域水资源管理体制的历史变革、现状及其存在的问题入手,借鉴国外及黄河流域水资源管理体制和机制经验,结合水利部公益性课题"塔里木河水量分配关键技术"项目中的研究成果,探讨新体制的深化和机制的完善,从根本上解决水资源管理中存在的问题,以实现流域水资源合理配置、高效利用。

1.3　我国水资源管理历史变革

我国水资源管理的历史悠久,从古至今的发展经历可分为以下四个阶段:

第一阶段,中国古代的水资源管理。在古代,水利行政长官的地位很高,如传说约公元前 2100 年的大禹,官任"司空"是百官之首,专门负责水利。之后的各代王朝都设有"司空"或相应的官职。在汉代(公元前 206 ~ 公元 220 年),"司空"是当时三个政务长官之一。至隋代(公元 581 ~ 618 年),在中央政府设"水利部",至清(公元 618 ~ 1911 年)基本沿用隋制。我国古代的水资源管理工作主要集中在三个方面:用水管理、开发利用管理和城市供水管理。在唐代对灌溉渠系分水工程的闸的尺寸,规定由官府核定,农田灌溉面积要事先申报,由水利官吏负责按计划配水。元代颁发用水凭证,限制用水。历代王朝都对城市用水管理极严,不准私自引用,不许在水源处洗涤衣物。

第二阶段,从 19 世纪算起,属中国近代的水资源管理。但因列强对我国的掠夺,战事频繁,水利荒废,并不是很好的管理。到 1914 年,方开始设立全国水利局。但水事权分散,水资源管理工作混乱,直至 1947 年设立水利部,水事权才统一。

第三阶段,20 世纪 50 年代至 80 年代,中华人民共和国成立后,水利事业获得前所未有的发展。中央政府设立水利部并开始建立水管理的各项制度,当时提出的基本原则是:河流湖泊均为国家资源,为人民公有;应统一水政、统筹规划、统筹建设、统筹管理、互相配合,即"一统三筹"原则。但在以后一段时间,出现了重建轻管倾向,水资源管理概念淡薄,形成了"多龙管水"的局面。

第四阶段,20 世纪 80 年代至今。80 年代是我国水资源管理向现代管理递进的转折点。随着社会、经济的快速发展,国民经济各部门用水量激增,局部地区可利用的水资源已满足不了当地生产生活需水要求,供需失衡,出现需大于供现象。解决的思路之一是,全流域、全国范围的整体水资源的协调,变水资源分散管理为统一管理。国务院于

1984 年 3 月决定由当时的水利电力部作为全国水资源的综合管理部门,负责归口管理全国水资源的统一规划、立法、科研和水资源调配等项工作。1988 年 3 月,国务院重新成立水利部,作为国家水利行政主管部门,并授权其负责全国水资源的统一管理,统筹城乡水资源,负责实施取水许可制度,归口全国节约用水等工作,在水利部内还专门设立水政水资源司。地方各级人民政府也先后明确水利部是各级政府的水利行政主管部门。

1.4 我国水资源管理体制现状及分析

我国现行的水资源管理体制,是一种"统一管理与分级、分部门管理相结合"的管理体制。这种管理体制实质上就是一种"统一管理和分散管理相结合"或"流域管理与部门管理和行政区域管理相结合"的管理体制。按照这种管理体制,理应是以流域管理为主,以部门管理和行政区域管理为辅。然而,在我国的水资源管理实践中却逐步形成了国家与地方条块分割,以河流流经的各行政区域管理为主,各有关部门各自为政,"多龙管水,多龙治水"的分割管理状态。为何会出现现在这种状态呢? 原因固然是多方面的和复杂的,主要还是由现行的管理体制本身所造成的。

1.4.1 在流域管理上"条块分割"

中央直属的流域管理机构目前有四类:第一类是水利部直属的七大流域水行政管理机构,为水利部的派出机构,代表水利部行使所在流域的水行政主管职能。第二类是国家环境保护局和水利部共同管理的流域水资源保护机构,管理范围与水利部直属流域机构相同。此外还有一些中央有关部门的跨省际的有关水的管理机构,如直属交通部的长江航务管理局,属中国电力总公司的若干个跨地区的电力集团公司等。对水资源实行分行管理,必然会导致"多龙管水,多龙治水"的现象产生。而"多龙管水,多龙治水"又势必会导致"龙们"各自为政、各自作战的分割管理状态的出现。目前,我国在流域的开发利用和保护方面享有一定管理权限的部门多达7~8个,这么多的部门,在水资源管理的活动中,包括上下游、左右岸、干支流、地表水和地下水的协调及水量调度、防汛抗旱、排涝治污以及水土保持、河道航运等方面,往往因为部门之间的利益关系,或意见不一致,产生相互争权或相互推诿、相互扯皮、各行其是的现象。

在对同一流域的水资源管理上,我国目前是以行政区域划分为主和分块管理,这必然会导致"以地方行政区域管理为中心"的分割管理状态出现。因为在市场经济条件下,由于经济利益的驱动,流域的各地方政府为了本地方的利益,势必会对流域自然资源、自然环境的开发利用和保护的统一管理产生不同程度的抵触,势必会"充分"地利用其行政区域管理方面的权力,大力开发和利用其行政区域内的流域自然资源和自然环境,为本地经济的发展谋取利益。他们不会自觉地、主动地从全流域的利益和利于可持续发展的高度来考虑其开发、利用本行政区域内的流域自然资源和自然环境的行为,而只会从本地区的利益出发去考虑,这样也就不可避免地会出现流域管理以地方各行政区域管理为主的分割管理状态。

1.4.2 在区域管理上"城乡分割"

水利部门一直归属农业,主要负责大江大河的治理、水利工程的修建、农业灌溉及城市原水输送。而城市供水、排水则归属城建部门。用水体制上形成的"城乡分割"导致城市和乡村在防洪减灾、城市供水、污染治理、生态环境保护等方面不可避免地存在许多争取自身利益最大化的短视行为,尤其是在水资源的开发、利用和保护上存在着竞争性开发、掠夺性经营、粗放性管理、用水效益低以及不重视水生态保护等问题。

1.4.3 在功能管理上"部门分割"

作为统一属性的水资源,在同一区域内,按照不同的功能和用途,被水利、市政、环保、规划、地矿等各个部门分别管理,形成"管水量的不管水质,管水源的不管供水,管供水的不管排水,管排水的不管治污,管治污的不管回用"的尴尬局面。

1.4.4 在依法管理上"政出多门"

从法律的规定上来看,我国目前在流域管理方面实行的是"统一管理与分级、分部门管理相结合"的管理体制。然而,实践中,"统"与"分"的尺度、界限极不易掌握,在很大程度上弱化了各级水行政部门统管水资源的职责,强化了分管部门的权限,各部门在自己的管辖区内,均以自己为管理主体,各自为政,制定各类法规和规章,造成管理职能相互延伸交叉,政令相互抵触,导致事实上的有法难依。如我国各流域统一管理机关,像长江、黄河、淮河、珠江等水利委员会,长期以来并不具有实施统一管理必须拥有的足够的管理权限。1994年以前,这些统一管理机关的主要职责是管理流域干流和与流域干流直接有关的各支流、湖泊的水利建设,其工作重点是防洪、防泥沙,并且主要偏重于学术性研究。1994年以后,由于国家强调水利行业管理和水资源的统一管理,各流域管理机构的职能才逐步加强,但其实际的管理权限并未得到落实。目前,大多数流域统一管理机关仅能行使部分取水许可权及河道管理范围内的建设项目审查权。直至1999年,才依据《中华人民共和国防洪法》赋予流域机构相应的行政处罚权。另外,流域统一管理机构在流域水资源保护方面的行政执法权,也没有明确的规定。目前的这种现状决定了流域统一管理机关在流域的统一管理方面不可能有什么大的作为,只会导致流域各地方行政区域分割管理和各有关管理部门分散管理局面的进一步形成。

上述分析表明,我国现行的流域管理体制不仅不能适应流域可持续发展战略的需要,而且有碍于流域可持续发展战略的实施。因此,必须改革现行的流域管理体制,建立一个新的科学的流域管理体制。近年来,关于加强水资源统一管理的呼声日渐强烈,一些地区和城市率先进行了城乡一体化管理的探索。但目前就整体而言,这一改革还未取得更大的发展,造成改革知易行难的原因,主要是改革的理论支持不足。因此,必须加大理论研究的力度,促进新的管理体制的建立和实施,彻底改变我国水资源短缺的状况,为国民经济的健康、稳定、可持续发展提供足够的动力。

1.5 本书主要内容

(1)通过对流域管理实施情况和流域水资源管理体制现状的分析,总结出了过去流域管理体制与机制中所取得的成绩,对塔里木河流域水资源管理体制作了简要的分析。

(2)塔里木河流域经济社会发展与生态环境保护、地方与兵团、源流与干流、上游与下游各方面利益错综复杂,通过塔里木河流域管理体制与机制分析,总结出流域水资源管理存在的主要问题。

(3)针对流域水资源管理存在的主要问题,通过研究国内外流域水资源管理体制,分析各水资源管理体制的特点,找出其共性,总结其优点,结合塔里木河流域的特点和实际,提出适合塔里木河流域的水资源管理体制。

(4)根据塔里木河流域自身特点和当前水资源管理实际,借鉴国内外水资源管理体制与机制先进经验,针对流域水资源管理存在的主要问题,从法律、行政、经济、科技、市场等五大角度提出了流域管理机构的完善、水法规体系建设、地下水管理等方面的管理措施,以达到塔里木河流域水资源管理体制与机制的完善及创新。

第2章 塔里木河流域概况

2.1 自然地理概况

2.1.1 地理位置

塔里木河是我国最大的内陆河,其流域位于新疆维吾尔自治区南部,处于东经73°10′~94°05′,北纬34°55′~43°08′,流域总面积102.70万 km²,其中国内面积100.27万 km²,国外面积2.43万 km²。

流域地处欧亚大陆腹地,由发源于塔里木盆地周边的天山山脉、帕米尔高原、喀喇昆仑山、昆仑山、阿尔金山等山脉的阿克苏河、喀什噶尔河、叶尔羌河、和田河、开都河—孔雀河、迪那河、渭干河—库车河、克里雅河、车尔臣河等九大水系和塔里木河干流、塔克拉玛干沙漠及东部荒漠三大区组成,其构成环状水系结构,塔里木河流域与吉尔吉斯斯坦、塔吉克斯坦、阿富汗、巴基斯坦、印度等国接壤,边境线长达2 200 km。

流域环塔里木盆地的整个南疆地区,涵盖南疆阿克苏地区、喀什地区、和田地区、克孜勒苏柯尔克孜自治州和巴音郭楞蒙古自治州等五地(州)行政区域,是新疆境内跨地(州、县、市)最多的流域。

2.1.2 地形、地貌

塔里木河流域地处天山地槽与塔里木地台之间的山前凹陷区。由于塔里木河流域涵盖了塔里木盆地内86.6%的面积,因此其地形地貌主要表现出塔里木盆地的地貌特征。其总的地貌呈环状结构,地势为西高东低、北高南低,平均海拔为1 000 m左右。除东部较低外,其他各山系海拔均在4 000 m以上。天山西部、帕米尔高原、喀喇昆仑山和昆仑山有许多海拔在6 000 m以上的高峰,其中位于喀喇昆仑山的乔戈里峰,海拔为 8 611 m,是世界第二高峰。盆地和平原地势起伏和缓,盆地边缘绿洲海拔为 1 200 m,盆地中心海拔 900 m 左右,最低处为罗布泊,海拔为 762 m。塔里木河流域四周高山环列,流域内高山、盆地相间,形成极为复杂多样的地貌特征。整个流域可分为高原山区、山前平原和沙漠区三大地貌单元。

高原山区:分布于塔里木盆地南部、西南部和北部,由天山、帕米尔高原、喀喇昆仑山和昆仑山组成。高山带山势巍峨、陡峻,高峰林立,海拔均在 2 000 m 以上,5 000 m 以上山峰长年积雪,冰川发育,是塔里木河源流的径流形成区。

山前平原:山前平原上接低山丘陵,下抵沙漠边缘,宽 50 ~ 70 km,从山区向盆地内倾斜,海拔在 900 ~ 1 200 m 之间,地形平缓,是水资源的主要利用与消耗区。

沙漠区:位于盆地底部和边缘,以塔克拉玛干沙漠为主,属于第四纪沉积物。海拔在 800 ~ 900 m 之间。以流动沙丘为主,沙丘高大,形态复杂,地貌类型主要有沙垄、新月形沙丘链、金字塔沙山等。从沙漠边缘到腹地由固定、半固定沙丘过渡到流动沙丘,沙丘高度一般为 5 ~ 10 m。

2.1.3　气候特征

2.1.3.1　四季气候

流域内气候四季明显,夏长冬短,春季南部比北部短,为 86 ~ 124 d,冷空气活动较频繁,降温较强,降水少,多出现沙尘天气。夏季由南往北 123 ~ 95 d,气温高、日照长,多雷阵雨和冰雹,如阿克苏 1974 年 6 月 24 日,一日最大降水量 48.6 mm,冰雹历年平均 6 ~ 7 次。秋季,南北日数相差悬殊,62 ~ 106 d,秋高气爽,降温快,日较差大。冬季 95 ~ 93 d,气候寒冷多晴天,极端最低温度 -30.9 ℃。

山区随高程上升四季变化逐渐减弱,冬长夏短,海拔 1 600 ~ 2 000 m 处夏季仅一个月左右,2 000 m 以上没有四季之分,仅有冷暖之别,4 100 m 以上终年在 0 ℃ 以下。

2.1.3.2　日照

流域内的平原区,由于气候干燥,云量少,日照时数较多,北部区域低于南部区域。塔里木盆地北缘的年日照时数为 2 800 ~ 3 000 h,塔里木盆地南部边缘的年日照时数为 2 700 ~ 3 200 h。

2.1.3.3 气温

塔里木河流域各地气温差异很大,一般是高山低于平原,北部低于南部。塔里木盆地周边多年平均气温 10.6 ~ 11.5 ℃;7 月最热,月平均气温 20 ~ 30 ℃;1 月最冷,月平均气温 − 10 ~ − 20 ℃。历年极端最高气温 43.6 ℃,历年极端最低气温 − 30.9 ℃。气温的年较差和日较差都很大,年平均日较差 14 ~ 16 ℃,年最大日较差一般在 25 ℃以上。日平均气温大于 10 ℃的年积温 3 300 ~ 4 400 ℃。

2.1.3.4 降水

塔里木河流域降水量地区分布变化较大,总趋势是山区大于平原,北部大于南部,西部大于东部,降水量随高程的升高而增多。根据统计流域多年平均年降水量 111.1 mm,其中源流山区为 200 ~ 500 mm,盆地边缘为 50 ~ 80 mm,东南缘为 20 ~ 30 mm,盆地中心约 10 mm。降水的时间分布极度不均匀,80% 以上集中于夏季,其余不到 20% 集中于冬季。平原区的年降水量虽小,但降水集中,夏季短历时、高强度的暴雨时有发生,易产生洪水灾害;冬季降雪占年降水量的 4% ~ 11%,为 2 ~ 11 mm。塔里木河流域各地年降水量见表 2-1。

表 2-1 塔里木河流域不同区域年降水量

地理位置	西部			中部			东部		
	站名	高程 (m)	降水量 (mm)	站名	高程 (m)	降水量 (mm)	站名	高程 (m)	降水量 (mm)
天山南坡	沙里桂兰克	2 000	193.3	破城子	1 907	293.8	巴音布鲁克	2 440	258.2
	西大桥	1 100	76.6	新和 (气)	1 014	71.4	他什店	1 040	80.9
昆仑山北坡	维他克	2 000	173.3	克里雅	1 880	126.6	且末	1 250	25.6
				尼雅	1 760	55.1			

2.1.3.5　蒸发

塔里木河流域蒸发量的变化趋势与降水量相反,随高程的上升逐渐减少,全流域水面蒸发量在 1 125 ~ 1 600 mm 之间(折算为 E601 蒸发器),其中低山区水面蒸发量多年平均值在 700 ~ 1 200 mm 之间,平原区水面蒸发量多年平均值在 1 600 ~ 2 200 mm 之间。干旱指数随着高程的增加、降水量的增大、水面蒸发量的减小而减少,山区小于平原,西部小于东部,流域干旱指数在 2.5 ~ 48.0 之间。自北向南、自西向东蒸发量有增大的趋势。地理特征如图 2-1 所示。

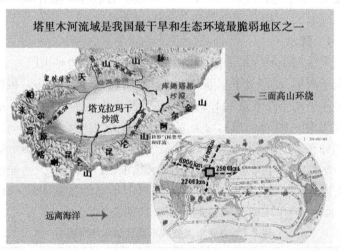

图 2-1　地理特征图

2.1.3.6　无霜期

流域无霜期日数从平原到山区递减。一般平原区 188 ~ 207 d,河谷区 79 ~ 206 d,中山区 110 d,高山区在 100 d 左右。

2.1.4　河流水系

塔里木河流域由发源于塔里木盆地周边的天山山脉、帕米尔高原、喀喇昆仑山、昆仑山、阿尔金山等山脉的阿克苏河、喀什噶尔河、叶尔羌河、和田河、开都河—孔雀河、迪那河、渭干河—库车河、克里雅河和车尔臣河等九大水系的 144 条河流组成,其中阿克苏河、叶尔羌河、喀什噶尔河为国际跨界河流。这些河流均向盆地内部流动,构成向心水系,河流的归宿点是内陆盆地和山间封闭盆地,塔里木河流域是我国最大内陆河流域,塔里木河也是我国最长的内陆河。

塔里木河流域各河流均有统一的特征,即以河流出山口为界,出山口以上为径流形成区,自上而下径流量递增;河流出山以后,沿程渗漏、蒸发,用于灌溉、流入湖泊或盆地,径流量沿程递减,最后消失于湖泊、灌区或沙漠中。

本书研究的重点是"四源一干",即塔里木河流域主要源流阿克苏河、叶尔羌河、和田河、开都河—孔雀河和塔里木河干流。"四源一干"的流域面积为 25.86 万 km^2。其中,国内面积 23.63 万 km^2,国外面积 2.23 万 km^2,主要情况见表 2-2,示意图如图 2-2 所示。

表 2-2　塔里木河流域"四源一干"河流概况表

河流名称	河流长度（km）	流域面积（万 km^2）			附注
		全流域	山区	平原区	
塔里木河干流区	1 321	1.76		1.76	
开都河—孔雀河流域	560	4.96	3.30	1.66	包括黄水沟等河区
阿克苏河流域	588	6.23（1.95）	4.32（1.95）	1.91	包括台兰河等小河区
叶尔羌河流域	1 165	7.98（0.28）	5.69（0.28）	2.29	包括提兹那甫等河区
和田河流域	1 127	4.93	3.80	1.13	
合计		25.86（2.23）	17.11（2.23）	8.75	

注:( )号内为境外面积。

塔里木河干流位于盆地腹地,流域面积 1.76 万 km^2,属平原型河流。从肖夹克至英巴扎为上游,河道长 495 km,河道纵坡为 1/4 600～1/6 300,河床下切深度 2～4 m,河道比较顺直,很少汊流,河道水面宽一般在 500～1 000 m,河漫滩发育,阶地不明显。英巴扎至恰拉为中

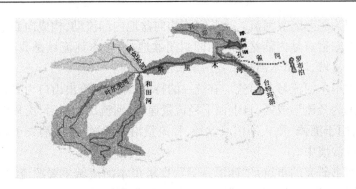

图 2-2　"四源一干"示意图

游,河道长 398 km,河道纵坡为 1/5 700 ~ 1/7 700,水面宽一般在 200 ~ 500 m,河道弯曲,水流缓慢,土质松散,泥沙沉积严重,河床不断抬升,加之人为扒口,致使中游河段形成众多汊道。恰拉以下至台特玛湖为下游,河道长 428 km。河道纵坡较中游段大,为 1/4 500 ~ 1/7 900,河床下切一般为 3 ~ 5 m,河床宽约 100 m,比较稳定。

　　阿克苏河由源自吉尔吉斯斯坦的库玛拉克河和托什干河两大支流组成,河流全长 588 km,两大支流在喀拉都维汇合后,流经山前平原区,在肖夹克汇入塔里木河干流。流域面积 6.23 万 km²(境外流域面积 1.95 万 km²),其中山区面积 4.32 万 km²,平原区面积 1.91 万 km²。

　　叶尔羌河发源于喀喇昆仑山北坡,由主流克勒青河和支流塔什库尔干河组成,进入平原区后,还有提兹那甫河、柯克亚河和乌鲁克河等支流独立水系。叶尔羌河全长 1 165 km,流域面积 7.98 万 km²(境外流域面积 0.28 万 km²),其中山区面积 5.69 万 km²,平原区面积 2.29 万 km²。叶尔羌河在出平原灌区后,流经 200 km 的沙漠段到达塔里木河。

　　和田河上游的玉龙喀什河与喀拉喀什河,分别发源于昆仑山和喀喇昆仑山北坡,在阔什拉什汇合后,由南向北穿越塔克拉玛干大沙漠 319 km 后,汇入塔里木河干流。流域面积 4.93 万 km²,其中山区面积 3.80 万 km²,平原区面积 1.13 万 km²。

　　开都河—孔雀河流域面积 4.96 万 km²,其中山区面积 3.30 万 km²,平原区面积 1.66 万 km²。开都河发源于天山中部,全长 560 km,

流经 100 多 km 的焉耆盆地后注入博斯腾湖。博斯腾湖是我国最大的内陆淡水湖,湖面面积为 1 000 km²,容积为 81.5 亿 m³。从博斯腾湖流出后为孔雀河。20 世纪 20 年代,孔雀河水曾注入罗布泊,河道全长 942 km,进入 70 年代后,流程缩短为 520 余 km,1972 年罗布泊完全干涸。随着入湖水量的减少,博斯腾湖水位下降,湖水出流难以满足孔雀河灌区农业生产需要。同时为加强博斯腾湖水循环,改善博斯腾湖水质,1982 年修建了博斯腾湖抽水泵站及输水干渠,每年向孔雀河供水约 10 亿 m³,其中约 2.5 亿 m³ 水量通过库塔干渠输入恰拉水库灌区。

2.1.5　水资源分布

四源流多年平均天然径流量 242.50 亿 m³(含入境水量 57.3 亿 m³)。其中,阿克苏河、叶尔羌河、和田河和开都河—孔雀河分别为 81.10 亿 m³、75.61 亿 m³、45.04 亿 m³ 和 40.75 亿 m³。地下水资源与河川径流不重复量约为 10.46 亿 m³,其中阿克苏河、叶尔羌河、和田河和开都河—孔雀河分别为 3.67 亿 m³、2.64 亿 m³、2.34 亿 m³ 和 1.81 亿 m³。水资源总量为 252.96 亿 m³,其中阿克苏河、叶尔羌河、和田河和开都河—孔雀河分别为 84.77 亿 m³、78.25 亿 m³、47.38 亿 m³ 和 42.56 亿 m³,见表 2-3。流域水系图如图 2-3 所示。

表 2-3　四源流水资源总量统计表　　　　　(单位:亿 m³)

流域	地表水资源量	地下水资源量		水资源总量
		资源量	其中不重复量	
开都河—孔雀河流域	40.75	19.97	1.81	42.56
阿克苏河流域	81.10	32.58	3.67	84.77
叶尔羌河流域	75.61	45.98	2.64	78.25
和田河流域	45.04	16.11	2.34	47.38
合计	242.50	114.64	10.46	252.96

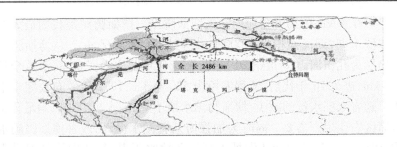

图 2-3　流域水系图

塔里木河干流是典型的干旱区内陆河流,自身不产流,干流水量主要由阿克苏河、叶尔羌河、和田河三源流补给。源流水资源具有以下特点:

(1)地表水资源形成于山区,消耗于平原区,冰川直接融水占总水量的48%,由降水直接形成占52%,总地表径流中河川基流(地下水)占24%。

(2)地表径流的年际变化较小,四源流的最大和最小模比系数分别为1.36和0.79,而且各河流的丰枯多数年份不同步。

(3)河川径流年内分配不均。6~9月来水量占全年径流量的70%~80%,大多为洪水,且洪峰高,起涨快,洪灾重;3~5月灌溉季节来水量仅占全年径流量的10%左右,极易造成春旱。

(4)平原区地下水资源主要来自于地表水转化补给,不重复地下水补给量仅占总水量的6.6%。

2.2　社会经济概况

"四源一干"区域地跨新疆维吾尔自治区5个地(州)的28个县(市)以及生产建设兵团4个师的46个团场。1949年"四源一干"总人口数约155万人,2010年"四源一干"总人口发展到了608万人,人口净增453万人,51年中人口的年平均增长率为25‰,较高的人口增长率迫使"四源一干"需要不断地扩大耕地面积。2010年"四源一干"总灌溉面积为2 547.25万亩,占南疆的66%,耕地面积为1 725.09万亩,占南疆的67%,人均耕地2.8亩。2010年"四源一干"工业总产值

203.85 亿元(当年价),占南疆的 51%。其中,开都河—孔雀河流域 2010 年的工业总产值为 105.3 亿元,占"四源一干"的主要工业份额。 2010 年年末牲畜存栏头数为 1 986.35 万头,见表 2-4。

表 2-4　2010 年塔里木河"四源一干"国民经济发展指标统计表

分区	总人口(万人)	工业(现价亿元)	牲畜(万头)	灌溉面积(万亩)			
				耕地	林	草	小计
开都河—孔雀河	120.5	105.3	358.59	374.1	155.05	11.56	540.71
阿克苏河	127.07	44.99	370.92	544.34	233.49	20.6	798.43
和田河流域	135.3	14.21	438.56	144.54	138.2	21.73	304.47
叶尔羌河	212.14	38.16	755.04	549.12	184.27	20	753.39
小计	595.01	202.66	1 923.11	1 612.1	711.01	73.89	2 397
塔里木河干流	13.03	1.19	63.24	112.99	34.22	3.04	150.25
合计	608.04	203.85	1 986.35	1 725.09	745.23	76.93	2 547.25

在塔里木河"四源一干"中,叶尔羌河流域目前的灌溉面积所占比重较大,2010 年叶尔羌河流域总灌溉面积占"四源一干"的 29.6%,而和田河流域占"四源一干"总灌溉面积的 12%,塔里木河干流人均占有耕地面积很大,但农业经济水平低下,因此塔里木河"四源一干"经济发展水平在区域间存在较大的差异。总体上看,开都河—孔雀河流域相对经济发展水平较高,阿克苏河流域次之,叶尔羌河流域位于第三,和田河流域处于最落后的水平。

第 3 章　水资源管理的理论基础

　　我国的水资源具有明显的双重性特点,既有水资源总量世界排位前 6 位的优势,又有人均水资源占有量相当于世界人均水平的 1/4 的劣势;既有对水资源可进一步综合开发利用的潜力,又有水量水质下降的隐患。尽管我国经济发展过程中水资源短缺和供需矛盾产生的原因是多方面的、复杂的,但是最主要的还是管理上的问题,其根本是管理体制的问题,即由我国现行的水资源管理体制本身造成的。目前,世界上水资源管理的主流或趋势是以流域为单元的水资源管理体制。那么什么是流域水资源管理? 它的定义、本质、内涵、职能、任务是什么? 应当建立什么样的管理体制? 采取什么样的管理机制? 这是在流域水资源管理体制改革中必须界定清楚的问题。正如诺贝尔奖获得者 G. Thompson 指出的:“所有的科学依赖于它所涵盖着的概念。有些观点被定义成各个概念,这些概念决定了问题的提出和所解得的答案,它们比由它们所产生的理论更为基础。”随着科学的发展,从可持续发展的角度,重新对水资源、管理等概念进行推敲与认识,对我们解决水资源管理体制的相关问题具有基础性的作用。

3.1　流域水资源管理的定义、本质和特征

　　要正确理解流域水资源管理的涵义、本质和特征,首先必须明确它的几个基本概念:流域、水资源、管理。

3.1.1　流域

　　“流域”指的是地表水和地下水分水线所包围的集水区域。习惯上,人们往往将地表水集水区称为流域,用来指该集水区内大大小小的河流、湖泊、沼泽等构成脉络相通的整个区域。它是以河流为中心的一

个自然水文单元,同时又是组织和管理国民经济的特殊的经济、社会系统,具有双重意义的范畴。

　　流域是一个完整的系统,水在流域内的上中下游之间、河流和地下水之间以及各种用水单位之间进行着复杂的交换,存在着极为密切的联系,构成了一个网络。一方面,这种交换和联系主要是通过流域内水的循环与流动而建立起来的,水的流动性使其成为流域内上中下游和左右岸共享资源。另一方面,流域这个网络中的任一环节的变化都可能影响整个网络的状况。同时,在流域内,水资源与其他资源之间、资源与环境之间以河流为纽带,通过干支流网络连接起来,彼此间相互依赖、相互制约,形成各种各样的自然生态系统,各个生态系统内部各种生物和其他物种,经过长期生态适应,形成相辅相成的生态平衡,正如E. Odums 所说:“流域是一复杂的自然 – 社会系统,是一最基本的生态单元”。

3.1.2　水资源

　　“水资源”名词最早出现于正式的机构名称,是 1894 年美国地质调查局设立的水资源处。在这里,水资源是和其他自然资源一起作为陆面地表水和地下水的总称。正式对水资源进行定义是《不列颠百科全书》中由苏联加里宁(K. P. Kalinin)撰写的条目“水资源”,其对水资源的定义是“自然界一切形态(液态、固态和气态)的水”。这个定义没有包含资源的真正含义,在使用时觉得无所适从。

　　资源之所以成为资源,在于它的可利用性。然而自然界的一切形态的水并非都是可利用的。一种自然物质是否可被人类利用,不但取决于这种物质本身,也在于人类的认识能力与技术能力。对此各国研究者都从各自特定的学科领域出发,试图对“水资源”作一全面深刻的定义。如 1963 年,英国在水资源法中将水资源定义为“具有足够数量的可用水源”。1977 年,联合国科教文组织和世界气象组织建议的水资源定义是:“作为资源的水应当是可供利用或有可能被利用。具有足够数量和可供使用的质量,并能够在某一地点为满足某种用途而可被利用。”这两个定义突出了“足够数量”的量,强调的是只有足够数量的、可利用的水才能称为水资源,这显然是不合适的。一种物质是否是资源只取决于它的可利用性,与这种物质是否有"足够"的量关系不大,因为资源具有稀缺性。

在我国,对水资源的理解也各不相同。具有一定权威性的《中国大百科全书》(简明版)中对水资源的定义是:"在一定的经济技术条件下可供人类利用的地球表层的水。"薛惠锋等从经济、技术、生态的角度出发,对水资源的定义是:"水资源是天然水量和扣除经济、技术条件下不能加以利用的水和应视为生态源的水。"刘昌明等从时间维的角度将水资源定义为:"在一定时间内,存在于河流、湖泊、湿地和含水层系统内以现有的手段和经济合理的条件可被人们所开发利用的那部分资源量,就是该时间段上的水资源量。"前两个定义更多是强调"条件",突出某种条件下可供利用性。后一个定义是从水的动态性出发,给出了某一时刻可供利用的"量"。

综合上述的各种定义,从资源的本质出发,我们认为不如将水资源界定为:地球上一切可利用和潜在可利用的水。

3.1.3　管理

关于管理的概念,不同的学者有不同的认识:

(1)早期的管理者玛丽·帕克·福莱特(Mary Parker Follett,1942)给出了一个经典的定义,她把管理描述为"通过其他人来完成工作的艺术"。该定义把管理当成一门艺术,强调人的重要性。

(2)斯蒂芬·罗宾斯和玛丽·库尔塔(Robbins and Coulrar,1996)的定义是:"管理这一术语指的是和其他人一起并且通过他人来切实有效完成活动的过程。"该定义将管理作为一个过程,强调了人的重要性,并指出要"完成活动"、要讲"效率"。

(3)帕梅拉.S.路易斯、斯蒂芬.H.古特曼和帕特丽夏.M.范特(Lewis、Goodman and Fandt,1998)认为:"管理被定义为切实有效支配和协调资源,并努力达到组织目标的过程。"这个定义立足于组织资源,原材料、人员、资本、土地、设备、顾客和信息等都属于组织资源。

(4)沃伦.R.普伦基特和雷蒙德.F.阿特纳(Pwnkett and Attner,

1997)把管理者定义为"对资源的使用进行分配和监督的人员",在此基础上,定义管理为:"一个或多个管理者单独和集体通过行使相关职能(计划、组织、人员配备、领导和控制)和利用各种资源(信息、原材料、货币和人员)来制订并达到目标的活动。"它突出的是管理的职能。

(5)哈罗德·孔茨和海因茨·韦里克把管理定义为:"管理就是设计和保持一种良好环境,使人在群众里高效率地完成既定目标。"

(6)丹尼尔·雷恩(1994)给管理下的定义是:"可把管理看做这样一种活动,即它发挥某种职能,以便有效地获取、分配和利用人的努力和物质资源,来实现某个目标。"

(7)诺贝尔经济学奖得主西蒙则认为:"管理就是决策,决策贯穿于管理的全部过程。"

(8)《世界大百科全书》中的定义为:"管理就是对工商企业、政府机关、人民团体以及其他各种组织的一切活动的指导。它的目的是要使每一行为或决策有助于实现既定目标。"

(9)我国学者徐国华等把管理定义为:"通过计划、组织、控制、激励和领导等环节来协调人力、物力和财力资源,以期更好地达成组织目标的过程。"

(10)雷克昌教授对管理作的定义是:"管理者驾驭管理体系,力图以最佳方式来实现目标总称。"

综上所列举的可看出,这些定义各有侧重,不能说哪一说法是权威性的。那么我们应如何来理解"管理"这一概念?"管理"一词,英文为Manage,是由意大利文 Maneggiare 和法文 Manage 演变而来的。原意是"训练和驾驭马匹"的意思。训练有二层意思。一是保护、爱护。这是前提,要训练一匹马,就应首先保证它的健康,不可想象对一匹不健康的或训练过程中受伤害的马,能训练出什么结果。这表明,管理的首要任务是保证管理对象的安全性,使其具有安全感,引申意思就是要有条件地满足其基本需求欲望。二是要有计划、有步骤地训练马,使其具有某种或某些特长或技能。这是一个能力、特长的开发培育过程,只有经过合理而有效训练过的马,才能被有效地使用或利用。野马非常健壮,也很有特点,但却不能被人们所驾驭,原因之一就是没有经过驯化。可见管理的第二任务就是对管理对象潜能的开发。这种开发应当是合理的、有效的,符合被开发对象的自身特点、成长(演化、发展)规律。《汉书·李寻传》上有这样两句话:"马不伏枥,不可以趋道。士不素养,不可以重国。"宋代教育家胡媛说:"治天下之治者在人才,成天下之才者在教化。"只使用不保护开发是缺乏远见的,只注重使用而忽视保护开发,实际上是竭泽而渔。"驾驭"一词指的是驱使车马,引申为驱使、控制。《淮南子·潚务》:"马不可化,其可驾驭,教之为也。"《三国志·吴张昭传》:"夫为人君者,谓能驾驭英雄,驱使群贤,橙谓驰逐于原野,校勇于猛兽者乎?"这里的驱使为利用、使用之意。训练马匹的目的是控制、使用或利用它。这种利用或使用应是可重复的、可持续的,谁也不会将投入了大量的时间、资金和精力训练的一匹马只使用或利用一次就不用了吧。可见管理是以可持续利用为目的。马是一种物种,有的马是可直接利用的,如健康的家马;有的马是间接(潜在)可利用的,如可驯化的野马。从资源的角度看,这里的马指的是一种资源。

通过上述分析,我们认为管理这一概念可定义为:人们通过保护、开发,实现资源的可持续利用的过程称为管理。这里所说的"保护"指的是有效的保护,保护的目的是为开发提供一定量的优质资源。无量何谈开发,更谈不上利用了;有量无质不易开发,难利用;过量无质更难开发利用了。只有一定量的优质资源才能对其进行开发,正所谓"巧妇难为无米之炊"。"开发"指的是对一定量的优质资源的合理加工,"加工"的目的是更好地利用。这种加工应是合理的、科学的,即须符合被加工资源的自身特点,进行保护性的加工。一定量的优质资源经"加工"若变成了劣质的资源或无量了,这种加工显然是不可取的。"利用"指的是可持续的利用,既要合理的利用、有效的利用,又要保护性的利用,这是管理的最终目的。

3.1.4　水资源管理和流域水资源管理

明确了流域、水资源和管理的涵义后,就可以得到水资源管理和流域水资源管理的定义了:人们通过保护、开发,实现水资源可持续利用的过程称为水资源管理。流域水资源管理指的是人们通过保护、开发,实现流域水资源可持续利用的过程。流域管理的实质是指国家以流域为单元对水资源实行的统一管理,包括对水资源的开发、利用、治理、配置、节约、保护以及水土保持等活动的管理,建立一套适应水资源自然流域特性和多功能统一性的管理制度。同时认真落实国务院《关于实行最严格水资源管理制度的意见》中确立的水资源开发利用控制、用水效率控制和水功能区限制纳污"三条红线",从制度上推动流域经济社会发展与水资源水环境承载能力相适应,使有限的水资源实现优化配置和最大的综合效益,保障和促进流域社会经济的可持续发展。

3.1.4.1 管理的主体——明确谁是管理者

水资源的管理者应是其所有者。我国《水法》明确规定"水资源属国家所有",亦即为人民所共有。国家应是管理的主体,利用人民所赋予的权利,对水资源进行管理,以实现水资源的可持续利用。

3.1.4.2 管理的客体——明确谁是被管理者

管理的客体具有整体性,它是管理者实施保护、开发的对象。由水资源定义可知,水资源的整体性体现在自然水文特征上,流域水资源作为一个自然水文单元是一个相对独立的整体,应是管理的客体。

3.1.4.3 管理的任务——明确管什么

从水资源管理和流域水资源管理的定义可知,水资源管理的任务有三:保护、开发和利用。管理者通过完成这三大任务来实现可持续利用的目标。保护是开发和利用的前提,保护是为了开发和利用;开发的目的是利用,同时受到保护的制约;利用反过来又影响、牵制着保护和开发。这三大任务相互融合,相互影响,相互作用,相互牵制,形成多姿多彩的复杂管理过程。这种复杂性不可能用数学的排列组合方法来估计,而是在更深、更广的时空、心理、行为范畴中形成的,何况来完成这三大任务的是"人"。

3.1.4.4 管理的模式——明确怎么管

水资源的管理目标是通过某种组织形态——管理体制和与之相适应的管理机制来实现的。水资源管理的实质就是建立某种管理体制及管理机制,协调各要素之间的相对优化匹配,通过一定的方法、措施、技术达到一定的优化目标,亦即管理的实质是管理客体在管理机制的约束下向管理主体所预定目标的运动。

3.1.4.5　管理的特征——明确整体性

水资源管理的典型特征是它的整体性。管理对象——水资源具有整体性,其整体性表现为一个自然水文单位,这决定着水资源管理须以流域为中心,脱离了这个中心,必将破坏整体性的特征。管理的任务——保护、开发和利用三者亦为一个整体,缺少任何一个都不能实现管理的目标——可持续利用。也就是说,三者必须统一管理。我国水资源管理存在的问题之一,就是只重开发和利用,任务的整体性受到破坏。管理者也具有整体性,只有统一于"一个"管理者,才有利于水资源的管理。"多龙管水""政出多门"是我国水资源管理的又一问题,其主要原因是忽视了"管理者"的整体性。同时,管理者、管理任务和管理对象又是一个整体,从整体性出发研究水资源管理问题是实现水资源可持续利用的必经之路。

3.1.5　流域水资源管理的原则

界定流域、水资源及流域水资源管理等概念的目的是能更好、更有效地管理水资源,为此至少应遵循以下几个原则:

(1)整体性原则:由于水的流动性和公共物品特性,要解决流域内区域之间的水量和水质问题,必须将流域作为一个整体按水的循环规律进行管理,才能实现总体最优。

(2)主导性原则:流域水资源状况与多种因素有关,但往往只有少数几个因素起着主导作用。因此,在流域水资源管理中,要重点关注主要区域、主要问题和主导因素。

(3)区域性原则:流域内不同的小流域或不同的河段,由于自然、生态、社会和经济背景不同,其水资源状况也是不同的,这决定于水资源管理措施的差异和多样性。

(4)综合性原则:流域水资源管理涉及自然、生态、社会、经济领域的方方面面,这就需要综合运用技术、法规、行政、经济、教育等多种手段。

(5)适应性原则:人类社会和经济是不断发展变化的,流域水资源也处于不断的变化之中,这就要求流域水资源管理的措施也必须不断地调整。

(6)公众参与原则:水资源管理是一个涉及面广而复杂的问题,需要流域内各级政府部门、各类社会团体、企事业单位、个人的广泛参与和监督。

3.2 流域水资源管理体制的理论基础

何谓体制?从字面上解释,就是总体制度。说得详细点,就是管理机构设置与管理权限划分的总体制度。这里包含两个基本要素:其一是(组织)结构要素,即机构设置与功能分配,它决定"谁、做什么",属管理体制的硬件部分;其二是运行要素,即对分工基础上彼此间如何配合预先作出的规定或约定,它决定"如何做",属管理体制中的软件部分。

3.2.1 组织结构设计

组织结构是组织内部各构成部分及各部分之间确立的相互关系形式。组织结构不仅静态地描述了组织的框架体系(管理体制),而且动态地描述了这个框架体系(管理体制)是如何在分工合作的过程中把个体与群体结合起来去完成组织任务的。它具有以下三个特性:复杂性、规范性和集权性。

复杂性也称组织中的差异性,指的是组织分化的程度,包括组织内各专业分工程度、垂直领导和级数、人员及各部门分布等。一个组织内的分工愈细、纵向层级愈多、人员及部门的地理分布愈广泛,则协调其活动就愈困难。

规范性指的是组织依靠规则和程序引导员工行为的程度。具体地说,就是有关激励和制约组织成员行为与活动的方针政策、规章制度、工作程序、工作过程、标准化程度等。一个组织使用的规章条例越多、越细,其组织结构就越规范化。

集权性指的是考虑决策制定权力的分配。在一些组织中,决策是高度集中的,问题自下而上传递给高层,由高层选择合适的行动方案;而另一些组织,则是分权的,一般地说,组织规模越大,越趋于分权。

研究表明,组织结构受制于多种因素,比如组织战略、规模、技术及其所处的环境等。随着组织内外环境的变化,并不存在一种"理想"组织结构与之相匹配。在构建组织结构时,应遵循组织结构的构成规律,做到合理而有效。

3.2.1.1　组织结构理论

熵增理论认为,物质总是从有序向无序发展,能量从不平衡向平衡状态发展并逐渐衰竭,最后处于"热寂"状态。管理熵是指任何一种管理制度、政策、方法。在组织执行过程中,总是能量递减,使管理效率递减直至不能发挥作用而需要用新的方式替代的一种管理规律,称为组织结构中的管理效率递减律。从组织的角度来研究,这个规律存在的主要原因在于管理在执行过程中受组织结构、信息渠道、环境因素变化、人的因素影响四大要素制约而出现的趋势,用数学模型描述如下:

$$y = \alpha e^{\sum_{i=1}^{4} w_i x_i} \qquad (3\text{-}1)$$

式中　y——管理效率递减的趋势或进度;

　　　α——修正系数,用以修正曲线的幅度;

　　　x_1——组织结构发展复杂程度;

　　　x_2——信息渠道的长度和节点数;

　　　x_3——环境变量;

　　　x_4——人的因素;

　　　w_i——x_i的权值。

只有调节参数、改变条件、控制变量,才可延缓或阻滞管理熵增而使效率递减的趋势。

在管理系统中,熵与序紧密关联,与物质和能量,包括信息的耗散紧密关联。熵的产生,总是意味着对管理系统中序的新的破坏,无序性的增加;熵的产生,也意味着会有更多的物质和能量作了无用的耗散。而由熵增理论可知,管理系统的熵产生是不会停止的,只会使系统的熵越来越大。其结果是,系统的状态会越来越无序,对物质和能量的无用耗散会越来越加剧。但熵增,也并不总带来无序,无序也可以成为有序之源,耗散结构就是这种例外。

管理耗散结构是指组织满足下列条件:

(1)组织必须是远离平衡态的开放系统;

(2)组织内各要素之间存在着非线性的相互作用;

(3)组织外部环境条件变化达到一定阈值;

(4)组织内部与环境不断地进行物质、能量、信息的交换,从而使组织总熵为负。

在满足上述条件后,组织内一个微观随机波动就会通过相关作用放大,发展成一个整体、宏观的跌荡,这种通过开放、自我调整而形成并维持充满活力的组织有序结构,即称为管理耗散结构。它根据以上两个理论可知,组织的发展,可能从有序到无序,也可能从无序到有序。影响组织效率的主要因素及其相互关系可用数字模型描述如下:

$$E = \frac{O(P + D + I)}{\sum_{i=1}^{n} (d_i + l_i)} \tag{3-2}$$

式中　E——组织效率;

O——最主要的组织结构参数;

P——政策有效性;

D——政策执行力度;

I——成员的积极性;

d_i——过剩的管理职能部门;

l_i——过剩的管理层次。

由该数量模型可知,组织的效率与组织结构的合理性、政策的有效性、政策执行力度以及成员的积极性成正比,与组织结构的复杂程度成反比。

3.2.1.2　构建组织结构的原则

组织结构理论表明,没有永恒不变的组织结构,只有减小组织结构的复杂性、减少管理层次、减少管理职能部门,才能使组织效率提高。同时,组织结构应具有较高的机动性、创造性,因此在构建时,就遵循以

下几条原则:

适度分权原则:对于规模大的组织,为减少中间环节和层次,应实行分权管理,并合理授权。分权容易产生局部利益和总体利益的冲突,可通过管理机制加以解决。

简单原则:组织结构应尽可能地摒弃烦琐累赘的形式,做到指挥直接,政令畅通,反馈及时。

弹性原则:面对不断变化的组织外部环境,组织结构应能很好地适应和反应,这就要求组织结构要有创新性、机动性和灵活性。

3.2.2 管理运行设计

3.2.2.1 运行设计的定义

运行设计是在结构设计的基础上,以建立一套完整、合理的管理工作规范体系(亦可称为运行规范)为目标而进行的设计活动,是在结构设计规定的"谁、做什么"的基础上,对于"如何做""做到什么程度"的进一步规定。即在结构设计(机构和岗位的分工与职责权规定)的基础上,对主要业务工作的工序流程、每一工序的承办者、活动内容、方式方法、标准等作出尽量明确具体的规定。

3.2.2.2 进行运行设计的原因

科学的运行设计,是一种高度自觉的理性行为,因而能够突破旧体制下所形成的思维模式和工作习惯的束缚。在管理体制与组织结构调整中,进行运行设计,至少以下方面可以收到显著效果:

(1)便于体制和机构改革基本宗旨及方案正确、准确地贯彻落实,防止在执行中走样。这是由于体制、结构设计与岗位责任制只解决了"谁、做什么"(结构)的问题,而"如何做""做到什么程序"(运行)问题,主要由任职者凭个人的经验甚至意愿来决定,这是执行中走样或工作中出现推诿、扯皮等不良现象的根源。通过运行设计,建立一套科学、明确、可操作的规范,将每项业务所涉及的机构、岗位协调起来,明确承办、协办的关系,领导者介入的环节和程序,并对有关职责、权、考核内容与方式明确规定,从而做到事事有人管、人人有事管,环环相扣,责权分明。这样便可大大减少工作中的随机性,同时也创造了一个可预测、可期待的工作环境,为不同机构、岗位间的密切合作、协同,为优质、高效、低成本的服务提供了条件。

(2)有利于大大缩短体制与机构转换的过渡期,减少工作上的损失,管理体制与组织结构调整之后,往往在一段相当长的时间内无法建立正常的工作秩序,使工作蒙受损失。出现这种现象的直接原因是在调整时,仅在部门、机构、岗位大致分工的基础上就开始工作运转。由于"三定"方案所规定的任务区分较粗,未深化到可以具体操作的运行规范,容易造成部门、机构、岗位任务的重叠、脱节或责权不明,开展工作时不知如何做,而临时进行磋商、决断。这样,推诿、扯皮也就在所难免。在结构设计之后进行运行设计,便可以向可操作性方面大大推进一步。

(3)便于及早发现部门、机构、岗位职能的交叉、重叠、脱节(分割)或责权不明等新体制及管理机构设置方案中的问题,为方案的合理化、完善化做出贡献。

(4)有利于克服官僚主义、腐败等形象,树立廉洁、公正的形象。对于办事拖拉、推诿、扯皮的官僚主义,对于玩忽职守、以权谋私的腐败现象,法制建设的作用是以有效的监督和严厉的惩处使其不敢为,精神文明建设的作用是培养高尚的道德情操使其不想为。但由于人们思想的复杂、易变性,仅这两个建设还不够,还需要建立业务工作运行规范,以科学合理、严密严格的工作秩序使其不能为。

3.2.2.3 运行设计的主要内容

运行设计是管理体制改革中一项重大的基本建设。在实际设计中,可依据不同的管理任务的需要,确定不同的设计内容。如可以选取下述内容中的某些部分:

(1)研究制定某一项或几项管理任务的工作规范。应优先选择涉及多个管理层次、机构和岗位的主线任务,工作复杂、难度大、以往出现问题多的任务。

(2)重点或薄弱工作环节的运行设计。通过对这些工作环节的内容、标准、工作条件、工作方式方法、承担者(机构、岗位及其职责权限、工作依据等)的系统分析,作出科学合理的规定。重点或薄弱环节应该根据管理任务的性质和工作实际确定,常见的如决策环节,计划实施中的监控环节,不同机构、岗位之间的工作衔接环节,工作绩效考核环节等。

(3)针对体制改革中重点或难点进行设计。如可以就某项管理决策研究确定决策参与机制与程序,以推进决策的民主化、科学化。

3.2.3　管理机制设计

3.2.3.1　管理机制的界定

所谓"机制"(mechanism),源于希腊文 Mechane,原意是指机器的构造和工作原理。后来生物学和医学通过类比借用了这个词汇,在研究一种生物的功能时,常说要了解它的机制,也就是要了解其内在工作方式,包括有关生物结构组成部分的相互关系,以及其间发生的各种变化过程的物理、化学性质和相互关系。这样,"机制"的应用领域便从"无机体"扩展到"有机体"。阐明一种生物功能的机制,意味着对它的认识从现象的描述进入了本质的说明。推广到一般,则有:根据系统的观点,机制是各子系统、各要素之间的相互作用、相互制约、相互联系的形式,是系统良性循环不可缺少的。运用到管理上,则有:管理机制是管理组织中各组成部分或各个管理环节相互作用和制约,从而使系统整体健康发展。亦即使管理的有形要素与无形要素,按照其内在规律,在运动中彼此相互联系、相互结合形成特定功能并达到既定目标,可解释为:

(1)机制按照一定的规律自动发生作用并导致一定的结果;

(2)机制不是最终结果,也不是起始原因,是原因转化为结果,是期望转化为现实的中介;

(3)机制制约并决定着某一事物功能的发挥,没有相应的机制,事物的功能就不能存在或不能更好地发挥;

(4)机制是客观存在的,它反映的是事物本质的内在机能,是系统各组成部分间的相互动态关系。

也就是说,机制是特定结构关系的内在运作方式和关联效应,有什么样的结构关系就会形成特定的相应机制,结构关系改变了才会产生新的机制。所谓"引进××机制"的说法是不科学的,至少是不严密的。不变革原有的结构和管理体制,引进另一种机制只不过是一句空话。即使强拉硬扯进来,原有机体的机制必然以它的排异优势使移入的机制失去活力。现代系统理论的"结构决定功能"论认为,在不改变要素的前提下,通过改变或调整系统结构并加以选择,从中选出最佳的系统结构,从而可望获得满意的系统功能。所以,要形成新机制,必须首先转换体制。

3.2.3.2　管理机制的地位和作用

　　管理机制在管理系统中的地位和作用,可以从管理系统的目的性及系统功能原理中得到解释。管理系统的目的性决定了构成系统的所有要素都是为了实现系统的功能而存在的,而且管理系统中的任何机制的存在必然最终作用于系统功能的实现。一个管理系统较为理想的状态是其管理机制都能为系统功能的实现作出贡献。当然,对一个实际系统而言,也可能存在一些机制对系统功能的实现起反作用,这使得管理系统研究中机制的分析设计成为必要。

　　我们知道,在一定的系统环境与组成要素下,系统功能的决定因素是组织化状态。系统组织化分为结构和运行两个层次,结构指系统内子系统的划分及功能的分配。对管理系统而言,主要指组织机构(含岗位)及职能分配。运行指在结构的基础上的组织机构与个人行为的具体内容、数量、方式、时间分布等。显然,结构与依托于一定结构上的运行最终决定了系统的实际功能。从而,机制不是独立于管理系统的结构与运行之外的概念,机制可以看作是系统结构与运行表现出来的特征。对于系统的功能而言,机制事实上是系统对某种反应内容与反应方式的反应能力。无论是反应内容、反应方式还是反应能力都需要系统的结构与运行来支撑。从对系统有目的地设计的角度来看,如果我们把结构、运行作为某种"实体"看待,那么对机制的设计是为了实现系统的功能而对系统"实体"提出的要求。这些要求本身是对系统功能的支撑,同时,其实现又需要"实体"的支撑,这种支撑最终是通过系统的结构与运行设计来实现的。因此,管理机制设计是为了实现管理系统的功能而对系统的结构与运行提出的要求。

3.2.3.3　管理机制的特征

通过以上分析可知,管理机制有以下几个主要特征:

(1)功能关联性:机制的存在必然对管理系统功能产生影响,因此机制的设计与选择必然以系统功能为依据。

(2)无形性:机制不像结构与运行那样是"实体"的或有形的,它的作用通过对系统功能的影响来体现,但需要结构与运行的支撑,因此是无形的。

(3)客观性:机制无论是否是有意识设计的结果,也无论是否对系统功能实现起促进作用,其作为系统结构与运行所表现的特征是客观存在的。因此,使系统产生"好"的机制,同时避免"不好"的机制产生,是系统设计与机制设计的任务。

(4)系统性:一个系统中同时存在着多种机制,这些机制共同构成机制体系。

(5)内在性:机制存在于系统的内部,而不在其外部,它促进、维持、协调着系统的运行,使系统向既定目标前进,也可能阻碍、破坏系统的运行及目标的实现。

(6)自发性:机制对系统内部是自发地发挥作用的,不需要借助于其他的措施或者力量。

(7)决定性:机制对系统的功能有决定性作用。换句话说,同一个系统,若其管理机制不同,在一般情况下,系统活动的结果就会不同。

3.2.3.4　管理机制的类别

管理机制根据其对管理系统功能的作用可分为三类:行为目标导向机制、内部协调机制及环境适应与发展机制。

1.行为目标导向机制

管理机制的一般原理阐明了管理机制在管理目标与管理行为之间关系中的作用。管理实质上是使管理对象在管理机制的约束下向管理者所预定目标的运动。而这种运动如果没有管理者干预,管理对象一般不会自发地实现,否则就没有必要对其进行管理。一般地说,管理对象必定存在着某种倾向,即某些自发的追求。如果管理者能够提供满足这些倾向的回报,并且有效地控制着这些回报,只有在管理对象向管理者希望的方向或目标努力时或达到这些目标时管理对象才能得到它。换言之,管理者所制定的目标成为管理对象得到所追求的回报的条件,这时管理对象就会按管理者的意愿行事。

由于这种机制的建立以对管理对象行为引导为目的,因而可称其为行为目标导向机制。根据对管理对象所施加的某种刺激的两个相反的方向,管理机制有两种截然不同但又互补的机制,即正向行为导向机制和反向行为导向机制。

正向行为导向机制:当行为主体的行为符合系统为其设定的目标时,就会受到某种鼓励,与目标越接近,所受到的鼓励越强。如各种激励机制。

反向行为导向机制:当行为主体的行为背离了系统为其设定的目标时,就会受到某种惩罚,与目标越远,所受到的惩罚越重。如各种约束机制。

此外,还有作为上述两种机制实施基础的信息反馈与评估机制(含监督机制),有关行为信息反馈与目标对比等。

2. 内部协调机制

整体性是系统的基本特征,产生理想的系统整体功能,是系统管理追求的目标。协调机制的建立能够使系统通过一定的方式使具有不同职能的部门相互协调,共同为实现系统的整体功能作出贡献。根据系统的不同协调方式,协调机制有集中指挥机制、规范机制、自我协调机制三种。

集中指挥机制使系统的协调通过系统中上层领导的直接集中指挥达到;规范机制使系统的协调通过在系统中建立相互协调的规范达到;自我协调机制使系统的协调通过系统中子系统之间相互交往自行达成某种协调的默契达到。

3. 环境适应与发展机制

根据环境的不同情况,系统需要不同的内部机制适应环境不同的要求,以使其在环境的变化中求得生存和发展。这些机制主要有适应机制、创新机制、稳定机制。

适应机制使系统具有对环境变化的适应性,越是面临变化性的环境,其适应能力越强。

创新机制是对系统不断接收环境的信息,并且在不断的学习中创新,这是一种较高层次的适应机制。

稳定机制使系统无论面临环境如何巨大的变化,内部总是处于有序状态,而不致崩溃。

一个具有良好适应与发展机制的系统,应像一部能在行驶中更换轮胎的车,这就需要适应与创新机制,同时也应使系统在"轮胎更换"中不致崩溃,这就需要稳定机制。

3.2.3.5　管理机制的设计

管理机制的设计包含了对以下内容的设计、选择和确定:

(1)机制体系:依据系统功能及其他机制设计的前提因素,对系统中应有的机制进行选择与确定,形成多个机制构成的机制体系。机制体系的确定不仅包括对系统的机制类别及其亚类别的选择与确定,还包括了对相互排斥的机制的权衡,从而作出抉择,有时是在它们之间确定一个合理的作用范围的比例关系。如协调机制中集中指挥机制、规范机制、自我协调机制可能同时存在,但发生作用的程度与范围不同。

(2)机制的作用方式:要确定所选择的各种机制通过什么方式对系统功能产生作用。这一点实际上是对系统结构与运行提出要求,因而成为结构与运行的前提。

(3)机制的作用强度:是关于机制量的方面的规定性,系统可能要求一些机制作用强度大些,另一些机制作用强度小些。

(4)机制的作用范围:也是关于机制量方面的规定性,包括机制的空间作用范围和时间作用范围。空间作用范围规定了机制作用于什么管理事务、什么机构(或人),可分为系统机制(作用于整个系统)、子系统机制(作用于子系统)和功能机制(作用于系统的某些功能);时间作用范围规定了机制作用的时间段。

(5)机制对系统支撑的要求:一种机制的实现需要什么样的组织支撑,在机制设计中提出相应的要求,这些要求在结构与运行设计中具体实现。如一种强度较大的环境适应机制,要求系统具有柔性化的特征。

　　机制是从系统功能的要求这一点来说的,机制设计要依据功能设计的结果来进行。管理系统的功能设计分为两个层次:战略性功能设计和管理事务设计。前者是对系统的总体规定,解决是什么系统的问题;后者是对系统的处理的管理事务的具体规定,管理事务往往被用"动宾结构"来描述,如"制订年度用水计划"。两种功能都是机制设计的依据。此外,机制设计还必须考虑多种因素,主要有系统环境、系统功能、系统历史、系统资源等。这些因素组成的体系构成机制设计的情景。

　　机制的实现必须有相应的体制支撑,因此相应的结构设计和运行设计是管理机制实现的必要条件。结构设计的任务是对组织机构、岗位及其职能的设计,确定"谁、做什么"。运行设计的任务是对管理流程与管理规范的设计,确定"如何做""做到什么程度"。每一项管理事务的完成,都需要经过一系列的基本操作,即"加工"。完成一项管理事务的所有加工构成了这项事务的管理流程。由于管理事务处理方法与过程的不唯一性,流程设计往往有流程优化与选择的内容。规范设计是依据流程设计与结构设计的结果,从两个角度进行系统的规范化研究。首先是从管理事务的程度,对管理事务处理流程中所经过的部门、岗位,经过的次序,在每一个部门所进行的加工的内容、方式、结果、部门间的交接方式等进行规范化研究与确定;其次就是对一个部门所承担职责的规范化研究,即具体处理哪些事务、哪些内容,处理方式、处理标准、时间要求、与其他部门的交接内容与方式。

3.3　流域水资源管理体制因素分析

　　水资源管理体制,是水资源管理系统有机体的内部结构和运行的总和,它是实现一定目标——水资源可持续利用的管理组织的复合体。影响水资源管理体制的因素是多种多样的,在水资源本身的特点因素中到底是什么因素决定了水资源管理体制,这是我们构建水资源管理体制前,必须首先要弄明白、分析清楚的。

3.3.1　水资源的特点

水资源是地球上一切可利用和潜在可利用的水。它是一种在水循环背景下,随时空变化的动态自然资源,既具有一般自然资源的共性,又有与其他自然资源不同的特点。

与其他自然资源相比,水资源具有明显的个性,概括为以下几点:

3.3.1.1　水资源的不可替代性

不可替代性是水资源的独有特性,至今为止还没找到任何可替代水的资源,这正是水资源的宝贵之处,一旦短缺或枯竭,生物圈也将消灭。

3.3.1.2　水资源的可循环性

与其他矿产资源不同,水是可以再生的资源。在自然条件下,它的再生与环境受气象因素的影响,形成周期性的循环。在人类活动和开发利用的影响下,其循环的变化会受到有利或不利的影响。

3.3.1.3　水资源的流域性

水资源的形成和运动具有明显的地理特征,以流域自然水文地质单元构成一个统一体。

3.3.1.4　水资源的双重性

水在给人类带来了无穷恩惠的同时,也带来洪、涝、旱等自然灾害。同时人类对水资源开发利用不当也会引起人为的灾害,如水质污染、环境恶化等,威胁人类的生存和发展。

3.3.1.5　水资源的脆弱性

由于人类的集中开发利用和水资源与人类社会活动有着密切关系,水资源的脆弱性表现为:一是易受污染,二是不易恢复。

3.3.2　自然资源的共性

自然资源所具有的共同特点大致可概括为四个方面,即有限性、整体性、地域性、多用性,水资源也不例外。

3.3.2.1　水资源的有限性

有限性又称稀缺性,是资源最重要的特征。水资源不是用之不尽、取之不竭的。如果开发利用超过了它的供应能力,便会使资源减少以至于枯竭,出现"资源危机"等严重问题。

3.3.2.2　水资源的整体性

各种资源,特别是自然资源在生物圈中相互依存,相互制约,构成完整的资源生态系统。其中,任何一种要素的变化,必然引起其他要素的相应变化。诸要素又相互作用,并反馈到前一个要素,如此往复不已,互为因果,交织在一起,共同构成统一的整体。

从水资源的自然特点来看,地表水、地下水、湿地、湖泊、生物水相互循环转化,并受天然降水变化的影响,形成一个整体。随着开发利用的不断深化,对水资源相互间变化的影响日益增大,产生有利或不利的变化。对水资源整体性的认识不足,在开发利用中就会影响水资源的良性循环,使水资源难以持续利用。深入研究、认识水资源的整体性是保护、开发和利用水资源,进行水资源管理的理论基础。

3.3.2.3　水资源的地域性

水资源在地域分布上极不平衡,其组合形成千差万别,从而形成了各具特色的相对的地域性水资源差异。在我国,水资源储量由东到西、由南到北逐渐下降,水资源集中在川、滇、黔、桂、藏等五省(区)。资源的地域性提醒我们,在经济发展的过程中,要特别注意发挥地域性优势,对水资源要以因地制宜、扬长避短和择优利用为原则。

3.3.2.4　水资源的多用性

水资源具有多种功能和用途,可以作为不同生产过程的投入,可用于灌溉、发电、供水、航运、养殖、旅游、净化水环境等各个方面。

3.4　水资源管理体制基本决定因素分析

深入研究、认识水资源的以上几大特性,是水资源管理的理论前提,正是由于水资源的这些特性,决定着水资源的管理体制和管理机制。现在的问题是,其中哪个特性是管理体制的基本决定因素。

经济体制是人类为维持存在和水资源的可持续利用所采取的组织形态,它依赖于人类所面临的水循环的客观水资源条件。至今,人类所一直面临的基本客观物质条件都是稀缺的,即与人们的欲望相比,生活资料和生产资料的资源(生产要素)是有限的,水资源亦是如此 。

稀缺是经济学的基本概念,是经济分析最基本的逻辑前提。稀缺是一种量的相对关系,它首先是指:与人类欲望相比,物品在数量上不足。人类生活所需要的物品是多种多样的,其中有些物品,如阳光、空气等,完全可以满足人们的欲望需求,得到它们可以说无需任务成本。而此外的绝大多数的物品,如水资源等可供人们吃、穿、用、住、行的物品,则不能完全满足人们的欲望需求,要想得到它们就必须付出一定的代价或成本。资源的稀缺性与人类消费欲望的无限性之间的矛盾,是古往今来人类社会经济中的基本矛盾。这一矛盾决定了经济学的基本问题,那就是:如何持续利用有限的稀缺的资源,以最大限度满足人们无限的需求和欲望,达到最大限度的社会福利。

经济学的基本问题决定了资源的配置和利用的效率与福利最大化原则,即人们在资源的配置和利用中,要尽可能合理地配置和充分有效地利用有限资源,以最大限度地满足人们的欲望,实现最大限度的社会福利。需要注意的是,这里讲的是资源的配置和利用效率与福利最大化原则,而不是资源的配置和利用效率与福利最大化的规律,"原则"指的是"应该","规律"指的是"必然"。

3.4.1　稀缺——利益和利益追求

利益和利益追求是稀缺的产物。由于稀缺,资源与人类欲望相比是有限的,因而这些资源必然会被个人和经济集团所占有。也就是说,这些资源是有所有者的。而非稀缺物品,由于完全能满足人们的欲望,不存在稀缺问题,也就没有人想去占有它们,如空气是可以随意呼吸的。任何个人或经济集团都不能随意地无偿地占有别人的资源,要想得到别人的资源,只能用自己的资源去交换,而且只有在对方同意,即双方意见一致时,交换才能实现。

资源的有限性决定了人们对资源的追求,这种追求就是通常意义上的物质利益或经济利益追求。那么利益追求是否有助于资源的配置和利用效率的提高? 这里有三种情况:

（1）资源的配置和利用效率的提高能够增大利益主体的利益，那么该利益主体就会赞同并致力于提高资源的配置和利用效率。由于经济利益是最基本的利益，因而从效率原则出发，就应该建立这样一种资源的保护、开发和分配利用制度，即各利益主体只有为资源的保护、开发提供某种或某方面的要素或条件，直接或间接地参与了资源的保护和开发，对资源的保护和开发有贡献，才有权分得资源。他们分得资源的方式、数量，与参与保护和开发资源的方式、对资源保护和开发的贡献密切相关。这样，出于对自身物质利益的关心，人们必然会为社会主动参与资源的保护开发并尽其所能，这就促进了资源的可持续利用，从而导致资源的配置和利用效率的提高。实现这一目标的根本条件，就是依据稀缺和由于稀缺决定人们的利益追求这种客观事实，从制度和法律上明确界定和保护产权，即各利益主体对资源的所有权、占有权、支配权、使用权、处置权和受益权等，并允许和保护产权的自由合法交易。

（2）资源的配置和利用效率的提高与利益主体的利益无关，资源的配置和利用效率的提高不会也不可能促进利益主体的利益增加时，该利益主体就会对资源的配置和利用效率的提高与否漠不关心。正所谓"事不关己，高高挂起"。

（3）资源的配置和利用效率的提高使利益主体的利益受损，则利益主体就会反对并阻止资源的配置和利用效率的提高。在一个经济社会，如果产权界定不清并且得不到有效保护，侵权行为经常发生，就会一方面使一些利益主体的应得权益受到侵害，另一方面使一些利益主体不是靠自己的参与而是靠侵权获得利益。这都会使利益主体对提高资源的配置和利用效率的动机减弱，从而不利于资源的配置和利用效率的提高。

通过对以上三种情况的分析，可得出这样的结论：一个管理系统要想真正提高资源的配置和利用效率，增加人们的福利，就应该从稀缺和人们的利益追求这个客观存在出发，在明确界定和保护权，允许和保护产权旨在合法交易的基础上，把资源的配置和利用效率与人们的利益密切联系在一起，使人们的利益成为资源的配置和利用效率与福利水平的增函数。

3.4.2　稀缺——竞争

由于稀缺,为了私人利益或集团利益,人们之间必然要展开竞争,以求在有限的资源中取得更大的份额。竞争按其性质可分为两类:破坏性竞争和生产性竞争。

破坏性竞争是利益主体之间进行的抵毁性的竞争。如通过战争、掠夺、强占、胁迫、偷窃、欺诈、勒索、以权谋私、贪赃枉法等损人利己的手段来增加自己的利益和资源。破坏性竞争是通过侵权(侵犯产权)行为实现的。它主要是基于这样一种思想,即资源是有限的,一些人所得,只能是另一些人的所失。在没有统一的资源管理规则,或资源管理规则不完善,或资源管理规则没有得到很好的执行的条件下,由于人们的私利一面,就可能会通过损害他人利益来增加自己利益。

生产性竞争是利益主体之间进行的能够提高资源的配置和利用效率及社会福利水平的竞争。如商品生产者之间、企业之间,通过提高生产效率、降低资源消耗和成本、提高产品市场占有率而进行的竞争;企业之间通过在部门或地区间转移资本,更合理地配置自己所拥有的资源而进行竞争等。

水资源不仅具有稀缺性,而且具有整体性和区域性。这里的整体性指的是水资源与其他资源具有的整体协调的一面,同时包含水资源本身的水循环整体协调(以流域为单体)的另一面。局部地区间的水资源利用亦存在着生产性的竞争。

生产性竞争的思想基础是:财富可以通过生产效率的提高而增加,人们可以通过自己增加社会利益的活动来实现增加自己利益和目的。对于水资源,人们为获得更多的水资源,就需要通过生产性的保护和开发。要实现生产性竞争,限制或消除破坏性竞争,就要建立一种明确界定并保护产权、允许并保护产权自由合法交易的管理体制,使个人或集团都可以朝有助于资源的保护、开发和可持续利用效率的提高及社会福利水平的提高的方向而努力,而不是通过侵权来增加自己的资源拥有量。

3.4.3　稀缺——选择

由于资源的稀缺性,人们不可能通过生产得到他们所需要的一切,他们必须有所选择,这就提出了选择的第一个问题,即生产什么与生产多少的问题。例如,如何在耗水型生产的产品与节水型生产的产品之间作出选择,如何在污染型生产的产品与洁净型生产的产品之间作出选择等。

水资源不仅具有稀缺性,而且具有可循环性。这种可循环性是指水是可以再生的资源。同时水资源还具有脆弱性,即易污染、难恢复。由于水资源的稀缺性、可循环性和脆弱性,人们在生产方法上就面临着多种选择,这就是选择的第二个问题,即怎样生产的问题,其实质是怎样生产才能既满足利益的追求,又能避免水资源的污染,有利于水资源的再生,促进水资源的可持续利用。

水资源不仅具有稀缺性,而且具有不可替代性和多用性。水既可以饮用,也可以用来灌溉农田,还可以用来发电、养殖等,由于水资源的稀缺性、不可替代性和多用性,而人们的欲望是无限的、多种多样的,这就产生了选择的第三个问题,即谁生产或怎样分配的问题。

选择是有代价的,由于资源的有限性、人们所处的时空的有限性,人们作出一种选择,就必须放弃别的选择。这种为了作出一种选择而必须放弃其他选择的代价,就是经济学上的机会成本,因为他选择了一个机会,必然放弃了另一个机会。

通过以上分析,我们可以得出这样的结论:稀缺决定了人们对利益的追求和竞争,决定了人们必须在可能的经济活动中进行选择。为了使人们的利益追求、竞争和选择实现全流域范围内的水资源的可持续利用和福利最大化,一个管理系统必须从制度和法律上明确界定和保护产权,允许和保护产权的自由合法交易,并最大限度地保证利益主体以最经济的方式获得尽可能多的资源,这是一个流域实现水资源的可持续利用和福利最大化的水资源管理体制的条件。水资源管理部门为了实现"保护、开发和利用"三大管理任务所确定的目标,必须从稀缺这个客观事实出发,根据科学技术和生产力发展的既定水平的要求,审时度势,因势利导,统筹协调,在制订管理规则时,把人们的利益追求同水资源的保护、开发和利用的效率及社会福利水平的提高结合起来,从体制上确立保证人们进行生产性竞争而不进行破坏性竞争的条件,换句话说,尽可能实现水资源保护、开发、利用效率的提高和福利最大化的体制条件。这就是水资源管理体制的决定机制——稀缺机制,即水资源管理体制的决定因素是水资源的稀缺性。

第4章　塔里木河流域管理
体制与机制现状分析

4.1　流域管理基本情况

4.1.1　流域管理范围

塔里木河流域是环塔里木盆地的阿克苏河、喀什噶尔河、叶尔羌河、和田河、开都河—孔雀河、迪那河、渭干河与库车河、克里雅河和车尔臣河等九大水系144条河流的总称,流域内有5个地(州)的42个县(市)和生产建设兵团4个师的55个团场。

塔里木河干流全长1 321 km,自身不产流。由于人类活动与气候变化等影响,20世纪40年代以前,车尔臣河、克里雅河、迪那河相继与干流失去地表水联系,40年代以后喀什噶尔河、开都河—孔雀河、渭干河也逐渐脱离干流。目前,与塔里木河干流有地表水联系的只有和田河、叶尔羌河和阿克苏河三条源流,孔雀河通过扬水站从博斯腾湖抽水经库塔干渠向塔里木河下游灌区输水,形成"四源一干"的格局。"四源一干"流域面积占流域总面积的25.4%,年径流量占流域的64.4%,对塔里木河的形成、发展与演变起着决定性的作用。塔里木河流域示意图如图4-1所示。

4.1.2　流域水资源管理内涵

流域水资源管理,从广义上讲是把流域作为一个生态系统,把社会发展对水资源的需要以及开发对生态环境的影响和由此产生的后效联系在一起,对流域进行整体的、系统的管理和利用;从狭义上讲是对流域内的水进行整体的管理。结合国内专家的论述,认为流域水资源管

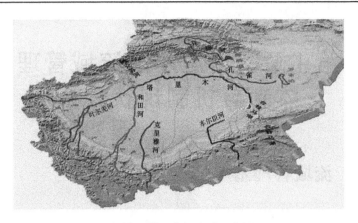

图 4-1　塔里木河流域示意图

理就是将流域的上、中、下游,左、右岸,干、支流,水质与水量,地表水与地下水,治理开发与保护等作为一个完整的系统,将除害与兴利结合起来,按流域进行协调和统一调度的管理。

4.1.3　流域管理机构

　　塔里木河流域范围内行使流域管理权利的机构主要有塔里木河流域水利委员会、塔里木河流域管理局及其所属"四源一干"管理局、其他流域管理局(处)。

4.1.3.1　塔里木河流域水利委员会

　　1998 年,新疆维吾尔自治区人民政府成立塔里木河流域水利委员会。委员会下设执行委员会,执行委员会是委员会的执行机构。塔里木河流域管理局是委员会的办事机构,同时也是自治区水行政主管部门派出的流域管理机构,受自治区水行政主管部门的行政领导,机构设置如图 4-2 所示。

　　委员会负责研究决策塔里木河流域综合治理的有关重大问题,对塔里木河流域管理局,流域内各州、地和兵团各师贯彻委员会决议、决定情况进行协调和监督。委员会以会议的方式行使决策职权。委员会由主任、副主任和委员组成。主任由自治区常务副主席兼任,副主任由主管水利工作的副主席兼任,委员由自治区人民政府秘书长和计划、财

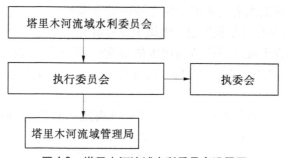

图4-2　塔里木河流域水利委员会设置图

政、水利、环境保护、国土资源管理等行政主管部门负责人,流域内5个地州的行政首长,兵团4个师师长,兵团水利局局长,塔里木河流域管理局局长和有关方面负责人组成。

执行委员会代表委员会行使职权,负责监督和保证委员会决议、决定的贯彻执行,并在委员会授权范围内制定政策、作出决定。

执行委员会下设办公室,办公室设在自治区水行政主管部门,负责处理执行委员会的日常工作。

4.1.3.2　塔里木河流域管理局

为合理配置流域水资源,挽救劣变的生态环境,自治区人民政府于1992年正式成立塔里木河流域管理局,赋予了塔里木河流域管理局对塔里木河干流水资源的统一管理权和源流水量与水质的监督职责。

1994年自治区人民政府颁发了《新疆维吾尔自治区塔里木河流域水政水资源管理暂行规定(试行)》(新政函〔1994〕40号),对流域水政水资源管理总则、管理机关与职责、用水管理、河道管理和水工程管理、防洪抗洪、水政监察等进行了规定,明确了自治区水利厅授权塔里木河流域管理局的职责:

(1)在流域内宣传和贯彻执行《水法》《水土保持法》《自治区实施〈水法〉办法》等水法规,开展水利方针、政策的调研,负责组织制定流域内水管理行政法规及治水、取水的规章制度。在干流区内开展水行政执法工作。

(2)按批准的流域规划要求,负责监测、督促、实施塔里木河各主要源流向干流输送的水量和水质。

　（3）负责组织塔里木河干流水资源综合考察工作,编制干流区域内综合规划及有关专业规划。组织干流河道的整治工作。

　（4）负责干流区域内节约用水的专业管理,按国家及自治区规定开展取水登记,实施取水许可制度,负责征收干流区域内的水资源费和水费。

　（5）负责协调处理塔里木河干流区域内地(州)之间、地(州)与兵团有关师(局)之间、各行业之间的水事纠纷。

　（6）负责干流区域内水资源的保护工作,开展水科学研究、生态环境研究,会同环保、林业、土地、畜牧、农业、气象等部门共同对生态环境进行监测管理。

　（7）负责预审干流区域内大中型水利骨干工程的规划、设计和科研试验等工作,监督、检查各主要工程实施情况。

　（8）对本流域内地方、兵团有关师(局)及其他行业的水利工作进行业务、技术服务,组织学术交流,开展科研和技术合作等。

　（9）承担塔里木河流域管理委员会及自治区水利厅授权交办的其他事宜。

　2012 年自治区人民政府下达了《关于新疆维吾尔自治区塔里木河流域管理局机构编制方案的批复》(新机编办〔2012〕51 号),明确自治区塔里木河流域管理局为自治区水利厅的派出机构、自治区塔里木河流域水利委员会的办事机构,机构规格为正厅级。其主要职责是:

　（1）贯彻落实《中华人民共和国水法》《新疆维吾尔自治区塔里木河流域水资源管理条例》等法律、法规;负责管辖范围内的水行政执法、水政监察和水事纠纷调处工作。

　（2）组织编制流域综合规划和专业规划并监督实施。在授权范围内,组织开展水利项目的前期工作;负责水工程建设项目规划同意书和水资源论证报告审查、水利项目初步技术审查;提出管辖范围内水利建设项目年度投资建议计划并组织实施。

　（3）负责流域水资源统一管理,统筹协调流域用水、年度水量调度计划以及旱情紧急情况下的水量调度预案并组织实施;指导流域水能资源开发,按照电调服从水调的原则,负责管辖范围内水库及电站水量统一调度;负责组织实施向塔里木河下游生态输水;在管辖范围内依法组织实施取水许可、水资源有偿使用等制度。

(4)负责流域水资源保护工作。根据授权,开展流域水功能区划工作,组织编制管辖范围内的水功能区划,核定水域纳污能力,提出限制排污总量意见;负责入河排污口设置的审查许可;依法在管辖范围内开展水土保持监督管理;指导流域节约用水工作。

(5)负责管辖范围内的河道管理。承担河道管理范围内采砂管理和涉河建设项目的审查及监督工作;负责直管水利工程的建设与运行管理。

(6)组织编制流域防洪方案。在自治区防汛抗旱总指挥部的统一领导下,开展防汛抗旱协调、调度和监督管理工作;参与协调水利突发事件应急工作。

(7)研究提出直管工程的水价以及其他收费项目的立项、调整建议方案。负责直管水利项目资金的使用、管理和监督。

(8)负责开展流域水利科技、统计和信息化建设工作。

(9)承担塔里木河流域水利委员会、执行委员会和自治区水行政主管部门交办的其他工作。

塔里木河流域阿克苏管理局、喀什管理局、和田管理局、巴音郭楞管理局、干流管理局的工作职责是在其管辖范围内依法实施水资源统一管理,组织编制或预审流域综合规划及专业规划,行使水资源评价、取水许可管理、水资源费征收、水量调度管理、河道管理、水政执法、水质保护管理、水利工程管理和水费征收、地表地下水水质监测等流域水资源管理、流域综合治理和监督职能。

塔里木河流域希尼尔水库管理局管理范围为孔雀河流域第一分水枢纽库塔干渠下游至恰铁干渠及希尼尔水库。其职责是水库工程及输水干渠的工程管理,负责管理范围的水量调度。

新疆下坂地水利枢纽工程建设管理局管理职责是负责叶尔羌河支流上的龙头水库工程安全和水调电调的任务;建立水库水生态的保护设施和管理队伍。

根据塔里木河流域管理局职责,塔里木河流域管理局机构组成框架见图4-3。

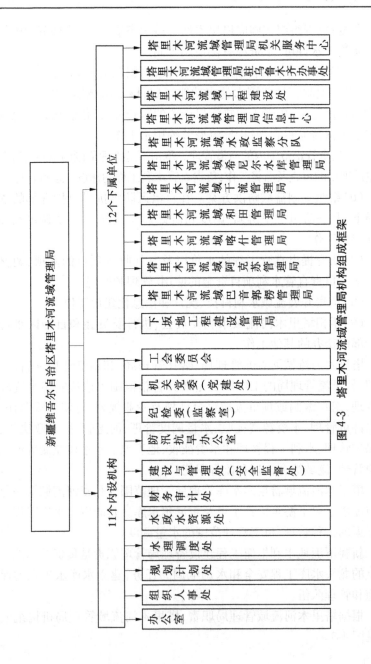

图4-3 塔里木河流域管理局机构组成框架

4.1.3.3 其他源流流域管理机构

自治区水行政主管部门直属的喀什噶尔河流域管理处直接管理喀什噶尔河流域的部分河道;隶属喀什地区的盖孜河流域管理处管理喀什噶尔河流域的部分河道。

隶属巴州的车尔臣河流域管理处负责管理车尔臣河流域,主要职责是车尔臣河河道管理、水资源管理、灌区各县配水和供水,为副县(处)级。

隶属巴州的迪那河流域管理处负责管理迪那河流域,主要职责是迪那河河道管理、水资源管理、灌区各县配水和供水,为副县(处)级。

隶属阿克苏地区的渭干河流域管理处负责管理渭干河流域,主要职责是渭干河河道管理、水资源管理、灌区各县配水和供水,为副县(处)级。阿克苏地区库车县直接管理库车河。

克里雅河由和田地区于田县负责管理。

4.1.4 流域管理实施情况

4.1.4.1 流域管理法制体系

1997 年,自治区人大颁布了《塔里木河流域水资源管理条例》(简称《条例》)。《条例》是我国第一部地方性流域水资源管理法规,它以立法的形式确立了塔里木河流域"实行统一管理与分级管理相结合的制度"。2005 年,自治区人大重新修订了《条例》,把"流域内水资源实行流域管理与区域管理相结合的水资源管理体制,区域管理应当服从流域管理"的内容写入修订的《条例》中,在流域水资源管理体制上取得了重大突破,明确了塔里木河流域水利委员会(包括执行委员会)及塔里木河流域管理局的法律地位及职责。

为使《条例》所确立的一系列法律规定落到实处,进一步增强《条例》的可操作性,根据《条例》的立法宗旨及国家、自治区的有关规定,还制定了以《条例》为核心的流域配套规章制度。自治区先后出台了《塔里木河流域水资源统一调度管理办法》《塔里木河流域"四源一干"地表水水量分配方案》《塔里木河流域综合治理项目工程建设管理办法》《塔里木河流域综合治理项目资金管理办法》等一系列规范性文件,为《条例》相关法律制度的落实提供了保障。特别是《塔里木河流域"四源一干"地表水水量分配方案》,明确了规划年不同来水年份流域各地州、兵团师用水总量,各源流向塔里木河干流的下泄水量和干流各区段的国民经济与生态用水量,建立了初始水权。

4.1.4.2 水资源管理协调机制

塔里木河流域管理局组织成立了"塔里木河流域水资源协调委员会",制定了《塔里木河流域水资源协调委员会章程》。塔里木河流域水资源协调委员会由塔里木河流域管理局局长、副局长及流域各地(州)、兵团师水利局局长组成的技术咨询机构,水资源协调委员会将塔里木河流域管理局、流域各地州及有关方面联系在一起,共同研究、商讨流域水资源统一管理和流域治理项目中技术与非技术方面的重大问题。水资源协调委员会就上述问题形成建议、意见或对策,提供塔委会在决策时考虑。水资源协调委员会通过会议的召开,积极听取各方意见,使流域各单位加强了沟通,增进了了解,统一了思想,提高了认识,有效促进了流域水资源的统一管理。

为加强流域水资源管理沟通和协调,2010 年塔里木河流域管理局制定了《塔里木河流域水资源管理联席会议制度》(以下简称《制度》),经自治区人民政府办公厅下发执行(新政函〔2010〕136 号)。塔里木河流域水资源管理联席会议召集人由塔里木河流域管理局担任。联席会议成员单位由塔里木河流域管理局,流域内地(州)、兵团师及其水行政主管部门、水管单位和相关部门组成。参加会议人员由地(州)、兵团师的副专员、副州长、副师长及其水利局局长,各流域管理局局长等组成。《制度》具体规定了联席会议的主要职责和工作制度,明确联席会议的主要职责是传达、贯彻落实自治区党委、人民政府及塔委会有关流域综合治理等方针、政策;就流域规划、工程建设、限额用水与水量调度、防洪抗旱、水事纠纷等有关事宜进行沟通、协商、协调,提出解决问题的方案;研究需要提请自治区人民政府、塔委会协调解决的问题,提出合理化建议。每年召开 1~2 次会议,遇到具体问题随时召开。会议将以会议纪要或简报的形式明确会议议定事项,相关成员单位负责具体落实,联席会议办公室负责督办。

成立了叶尔羌河流域灌区管理委员会、塔里木河干流上游灌区管理委员会和中下游灌区管理委员会,委员由流域管理机构、灌区代表、用水户代表等组成,制定了相应的章程并及时召开了灌委会会议,指导灌区工程管理、用水管理、水费征收等各项工作,促进了灌区内水管理民主协商和科学决策。

4.1.4.3 流域水量统一调度管理

为了使流域水量统一调度有据可依,确定了流域水量分配方案。1999 年在塔里木河流域水利委员会常委会第二次会议上,批准了《塔里木河流域各用水单位年度用水总量定额》,初步确立了流域水量分配体系。2000 年,自治区在流域内实施了限额用水工作,塔里木河流域管理局依据国务院批复的《塔里木河流域近期综合治理规划报告》和《塔里木河流域"四源一干"地表水水量分配方案》(新政函〔2003〕203 号)等有关规定,按照塔里木河治理投资完成、项目完成、节水量完成、输水目标实现的原则,确定流域各地(州)、兵团师限额用水方案。之后的历次委员会上,由委员会主任与流域各地(州)、兵团师领导签订年度用水目标责任书,核定年度用水限额,落实限额用水责任。

2002 年,在塔里木河流域实行了全流域水量统一调度。塔里木河流域管理局负责对流域各地(州)及兵团师的河段区间耗水量及来水断面和泄水断面的水量进行调度。流域各地(州)及兵团师依据下达的月用水指标,负责辖区内的水量调度工作。塔里木河干流河道的水量调度工作由塔里木河流域管理局直接负责。

自 2003 年起,塔里木河流域水利委员会主任每年与流域各地(州)、兵团师签订限额用水目标责任书,将近期治理工程节水量与限额耗用水量及下泄水量直接挂钩,层层落实限额用水目标责任书,把落实水量分配方案和年度调度计划纳入考核目标,建立责任追究和奖惩制度。塔里木河流域管理局对各单位用水目标责任书执行情况进行监督检查。

塔里木河流域管理局、地(州)、兵团师都成立了各级水量调度机构。塔里木河流域管理局委托水文部门对涉及有关地方和兵团分水、源流向干流输水的重要水量控制断面,进行监督、监测。在塔里木河干流上中游,塔里木河流域管理局新设立了 40 余个引水口水量测验断面,安排专职人员驻点测水,对水量调度指令执行进行督促检查。同时在调度中利用科学技术,力求调度达到及时性、准确性,目前塔里木河流域水量调度系统初步运行,新建、改建了 28 处流域重要出入境水量监测断面,对 6 个重要水文断面进行了远程监测,塔里木河流域水量调度远程监控系统开始实施。

4.1.4.4　塔里木河流域近期综合治理简介

塔里木河流域的生态环境问题得到了党中央、国务院的高度重视。2000 年 9 月底,在自治区和水利部的部署下,组织编制了《塔里木河流域近期综合治理规划报告》。2001 年 6 月 27 日,国务院正式批复《塔里木河流域近期综合治理规划报告》(国函〔2001〕74 号),塔里木河流域近期综合治理项目开始实施。

塔里木河流域近期综合治理项目总投资 107.39 亿元,通过实施灌区节水改造、平原水库节水改造、地下水开发利用、河道治理、博斯腾湖输水系统完善、生态建设保护、山区控制性水利枢纽建设、流域水资源统一调度管理、前期工作和科学研究等九大类工程与非工程措施,项目建设全面进入收尾阶段。在近期治理项目实施的同时,坚持边治理边输水的原则,自 2000 年至 2011 年,先后组织实施了 12 次向塔里木河下游应急生态输水。先后 12 次向塔里木河下游生态输水,累计输送生态水量 34.79 亿 m³,水头 9 次到达台特玛湖,结束了下游河道连续干涸 30 年的历史。

随着各项治理工程的相继建成和运行,有效缓解了流域生态严重退化的被动局面,促进了流域各地经济社会稳定发展,达到了保生态、惠民生、促稳定的目的。同时,经过实践探索,也为进一步推进塔里木河流域综合治理积累了经验。近期治理的成效非常显著:一是流域生态环境得到有效保护和恢复;二是流域内水利条件得到较大改善,有力地促进了流域经济社会的发展;三是推动了高效节水农业的发展;四是流域水资源统一管理不断加强。

通过塔里木河流域近期综合治理项目的实施,提升了塔里木河流域水利基础设施建设水平,提高了塔里木河流域管理局在塔里木河流域行使水资源统一管理的权威和作用,增强了流域管理的能力并提高了管理水平,对建立权威、统一、高效的流域管理体制起到了极大的促进和推动作用。

4.2　塔里木河流域水资源管理体制分析

4.2.1　1992年以前的水资源管理体制——行政区域管理

1949年,中华人民共和国成立以后,我国对水资源的管理主要实行从中央到地方、分级分部门负责的管理体制。地方水资源管理体制与职能大体相对应。塔里木河流域水资源以行政区域为单元实行区域管理,分属5个地(州)和4个兵团师管理,具体由其水行政主管部门或水利管理部门负责组织实施。

流域各地(州)形成了地区(州)、市(县)两级水资源管理机构,分别是地区(州)水利局、市(县)水利局,有的县以下的乡设立了水利管理站。流域内各兵团师也形成了相应的水利管理机构,师级设局,团级设站。

为了进一步加强本区域的水资源管理,在20世纪50年代,流域内5个地(州)相继成立了各自的流域管理机构。阿克苏地区、喀什地区、和田地区、巴州分别设立了阿克苏河流域管理处、叶尔羌河流域管理处、和田河流域管理处、巴州水管处,隶属地州政府或水利局管理,负责所在流域的水量调度、供水和水利工程运行管理及少部分水资源管理等工作。兵团师分别设有灌区水利管理处,主要负责灌区供水等工作。各流域机构的设立,使流域水资源管理体制前进了一步,但由于流域管理机构或具有流域管理职能的机构隶属当地政府或其水利局管理,流域管理的作用没有得到应有的发挥。

1988年,《中华人民共和国水法》(以下简称《水法》)颁布实施,标志着我国水利事业步入法制化轨道。但是,《水法》规定国家对水资源实行统一管理与分级、分部门管理相结合的制度,国务院水行政主管部门负责全国水资源的统一管理和监督工作,县级以上地方人民政府水行政主管部门按照规定的权限,负责本行政区域内水资源的统一管理和监督工作。《水法》中关于水资源区域管理的设定,人为造成了水资源管理的分割,导致塔里木河流域水资源管理政出多门,分而管之,一些区域水资源管理者过分注重区域利益最大化,忽视全流域的整体利益,无序开发利用流域水资源,造成流域水资源的不合理开发、不合理配置、低效利用和人为浪费,使得塔里木河源流进入干流的水量不断减少,下游生态环境不断恶化。1972 年以来,塔里木河尾间台特玛湖干涸,大西海子水库以下 363 km 的河道长期断流,地下水位不断下降,两岸胡杨林大片死亡,两大沙漠呈合拢态势,具有战略意义的下游绿色走廊濒临毁灭。

4.2.2　1992～2011 年期间的水资源管理体制——流域管理与行政区域管理相结合,以区域管理为主

为改变长期以来塔里木河流域形成的各自为政、各取所需的区域管理状况,合理配置流域水资源,挽救劣变的生态环境,自治区人民政府于 1992 年 1 月 8 日正式成立塔里木河流域管理局,赋予了塔里木河流域管理局对塔里木河干流水资源的统一管理权和源流水量与水质的监督职责,使塔里木河由区域管理向流域管理迈出了关键的一步。1994 年自治区人民政府颁发了《新疆维吾尔自治区塔里木河流域水政水资源管理暂行规定(试行)》(新政函〔1994〕40 号)对流域水政水资源管理总则、管理机关与职责、用水管理、河道管理和水工程管理、防洪抗洪、水政监察等进行了规定,自治区水利厅授权塔里木河流域管理局对塔里木河流域进行管理。1997 年,自治区人民政府颁布了《塔里木河流域水资源管理条例》。《条例》是我国第一部地方性流域水资源管理法规,它以立法的形式确立了塔里木河流域"实行统一管理与分级管理相结合的制度"。1998 年,自治区成立了塔里木河流域水利委员会。2005 年,依据新《水法》,同时结合塔里木河流域的实际,自治区修订了《条例》。《条例》在流域水资源管理体制上取得了重大突破,规定"流域内水资源实行流域管理与区域管理相结合的水资源管理体制,区域管理应当服从流域管理",同时明确了流域管理机构的法律地位

及职责,以立法的形式确立塔里木河流域水利委员会(包括执行委员会)及塔里木河流域管理局的流域管理机构,并对委员会及塔里木河流域管理局的职责予以法律授权。

1998年8月,自治区召开了塔里木河流域水利委员会成立暨常委会第一次会议,会议主要审议通过了《塔里木河流域水利委员会章程》及《塔里木河流域水利委员会五年行动计划》,明确了流域委员会的工作内容与方向。1999年,在塔里木河流域水利委员会常委会第二次会议上,批准了《塔里木河流域各用水单位年度用水总量定额》,初步确立了流域水量分配体系。2000年,自治区在流域内实施了限额用水工作,之后的历次委员会上,由委员会主任与流域各地(州)、兵团师领导签订年度用水目标责任书,核定年度用水限额,落实限额用水责任。流域各地(州)、兵团师将落实年度限额纳入考核目标,建立责任追究制度,层层负责执行用水协议。限额用水执行过程中,塔里木河流域管理局对各单位用水目标责任书执行情况进行监督检查。同时,委员会加强自身建设,2001年在塔里木河流域水利委员会第五次会议上,成立了新一任的委员会领导班子,国家发改委、水利部、黄委的领导担任委员会副主任委员,参与委员会的组织和管理工作。委员会及时、有效的运行、决策机制,对指导、促进流域综合管理工作具有很好的成效,较好地促进了流域管理与区域管理和谐关系的建立。

10多年来,塔里木河流域管理局全力以赴实施塔里木河流域综合治理,加强流域水资源统一管理和调度,取得了阶段性的成果,生态效益、经济效益、社会效益初步显现。截至2011年底,已累计完成中央投资92.79亿元(占总投资的近86%)。各地已完工塔里木河项目可实现年节增水量近27亿m^3。先后12次向塔里木河下游生态输水,累计输送生态水34.79亿m^3,水头9次到达台特玛湖,结束了下游河道干涸近30年的历史,使下游生态环境得到了初步改善。

4.2.3 2011年以后水资源管理体制——流域管理与行政区域管理相结合,区域管理服从流域管理

2011年2月,自治区19届人民政府常务会议决定,塔里木河流域

建立流域水资源管理新体制,即在现有管理体系的基础上,整合兼并塔里木河四源流现有源流管理机构,将源流叶尔羌河流域管理局、和田河流域管理局、阿克苏河流域管理局以及具有流域水资源管理职能的巴州水利工程管理处,整建制(包括河道水工程)移交塔里木河流域管理局,成立塔里木河流域和田管理局、塔里木河流域喀什管理局、塔里木河流域阿克苏管理局、塔里木河流域巴州管理局,隶属塔里木河流域管理局,对源流水资源和河流上的提引水工程等实行直接管理。源流各地(州)、兵团师成立各自的灌区灌溉管理机构,负责权限内的灌区灌溉管理,并接受流域机构的业务指导,不再对源流水资源及河流上的提引水工程实行直接管理。垂直管理模式框架如图4-4所示。体制改革后,流域水资源管理体制基本理顺,为科学合理地管理流域水资源提供了体制保障。

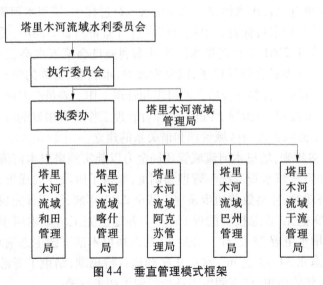

图4-4　垂直管理模式框架

4.2.4　塔里木河流域水资源管理体制存在的主要问题

4.2.4.1　2011年以前的流域水资源管理体制存在的主要问题

2011年以前的塔里木河流域水资源管理体制曾在促进流域经济

社会发展和生态环境改善方面发挥了重要作用,但是也存在许多问题,主要有:

(1)流域管理与区域管理事权划分不明,水资源行政管理权分割。实际情况是塔里木河流域管理局只能直接管理塔里木河干流,源流的各地州、兵团师实际上既是源流水资源的管理者,又是水资源的使用者,《条例》规定的管理体制得不到落实,区域管理仍处于绝对强势地位。

(2)流域管理机构职能不健全,权力结构不合理,管理难以取得实效。在已长期存在的强势区域管理体制下,新成立的流域管理机构——塔里木河流域管理局既不管人,也不管钱,而且也不具有重要控制性工程的监控权,在遇到地方利益、局部利益与整体利益发生冲突时,水资源统一管理调度的指令根本得不到保证,统一管理也就成了一纸空谈。

(3)有法不依、执法不严的问题比较突出。由于管理体制不顺,违反《塔里木河流域水资源管理条例》、自治区批准的水量分配方案、《塔里木河流域水量调度管理办法》,不执行水调指令抢占、挤占生态水,不按塔里木河近期治理规划确定的输水目标向塔里木河输水的现象时有发生,塔里木河干流水权及生态用水水权得不到法律保护,塔里木河流域管理局因管理权限所限,难以依法进行处罚。

(4)在流域内部同一区域都还存在地(州)与兵团师不同隶属关系、自成体系的两套水资源管理体制,存在着各自为政、分割管理的问题。

塔里木河流域近期综合治理和生态环境保护建设虽然取得了阶段性成效,流域水资源统一管理也不断加强。但不按规划要求无序扩大灌溉面积和增加用水,不执行流域水量统一调度管理,抢占、挤占生态水,不按塔里木河规划确定的输水目标向塔里木河输水的现象时有发生,源流实际下泄塔里木河干流水量不增反减,不仅占用了通过塔里木河近期治理节水工程实现的节增水量,还占用了原来的河道下输生态水量。

针对以上问题,要完成国务院确定的塔里木河流域近期综合治理目标,实现流域经济社会与生态环境可持续协调发展的长远目标,塔里木河流域以行政区域管理为主的水资源管理体制已不能适应流域水资源合理配置、统一管理的要求,不适应经济社会与生态环境全面协调又好又快发展的要求。因此,亟待研究和建立新的水资源管理体制。

4.2.4.2　2011 年以后的流域水资源管理体制改革

这种自上而下、垂直管理拥有独立水资源管理权限的机构具有职能统一、权限集中的优点,将"多龙管水"改为"一龙管水"。塔里木河流域水资源管理体制要适应新形势下发展的要求,就必须对以前的体制进行大变革,建立一个既统一协调又权威高效、适应经济社会又好又快发展的新体制,从根本上解决流域管理机构对水资源的管理有责无权、流域内事权划分不清、各源流权利相对独立、各自为政,既是源流水资源的使用者又是源流水资源的管理者的局面,统一管理配置流域水资源,实现全流域效益最优,只有采取这种权限集中的做法,才能从根本上改变过去那种各自为政、条块分割的水资源管理不利局面。

当然,采取这种垂直管理模式,意味着塔里木河流域权力和利益的重新分配,改革存在一定的难度和阻力,但这是政治体制改革的必然结果,改革过程中的困难是可以克服的。

4.3　塔里木河流域水资源管理机制分析

由于塔里木河流域管理局成立较晚,水资源管理方面的经验较少,为了更好地使塔里木河流域水资源得以合理配置,塔里木河水资源管理者不断探索、勇于开拓,结合流域实际,创造性地建立了流域水资源管理机制。

4.3.1　初步建立了流域法规体系

4.3.1.1　积极推进《塔里木河流域水资源管理条例》的制定

依法治水、依法管水,是实现水资源可持续利用的根本保证。为了合理开发、利用、节约、保护和管理塔里木河流域水资源,维护生态平衡,确保塔里木河流域综合治理目标的实现和流域内国民经济与社会的可持续发展。1997年,新疆维吾尔自治区八届人大常委会第三十次会议审议并通过了《条例》。《条例》是我国第一部地方性流域水资源管理法规,它以立法的形式确立了塔里木河流域管理体制,赋予了流域管理机构的法律地位,制定了流域水资源管理、配置、调度等规定。

2002年新《水法》颁布实施后,根据新《水法》和《自治区实施〈水法〉办法》,结合塔里木河流域水资源管理工作中出现的一些新情况、新问题,及时开展了《条例》的修订工作。2005年3月25日,新疆维吾尔自治区第十届人大常委会第十五次会议审议通过了修订后的《条例》,并于2005年5月1日起施行。《条例》在流域水资源管理体制上取得了重大突破,并重点在流域水资源管理体制,水资源开发、利用,特别是管理、节约、保护和配置等制度上作了具体、明确的规定。《条例》主要有以下特点:

(1)在实行"流域管理与区域管理相结合的水资源管理体制"基础上,明确规定了"区域管理应当服从流域管理",进一步理顺了水资源管理体制,强化了流域的统一管理,这是在我国流域水资源管理体制上的重大突破。

(2)明确了流域管理机构的法律地位及职责,以立法的形式确立塔里木河流域水利委员会(包括执行委员会)及塔里木河流域管理局的流域管理机构,并对委员会及塔里木河流域管理局的职责予以法律授权,这是一部我国迄今对流域管理的法律地位规定最明确,对流域管理机构的职责规定最集中、最具体的地方法规。

(3)加强了流域水资源的宏观管理,规定了流域规划、水资源论证制度,流域水量分配和旱情紧急情况下水量调度预案制度,年度水量分配方案和调度计划制度等一系列水资源配置制度,明确了塔里木河流域管理局负责流域水资源的统一调度管理。

(4)强化了取水许可管理,以法律形式明确了在流域实行全额管理与限额管理相结合的取水许可新制度,塔里木河流域管理局负责在塔里木河干流取水许可的全额管理和重要源流限额以上的取水许可管理。

(5)结合塔里木河流域实际,明确提出了保护生态环境,严格控制非生态用水,增加生态用水,严禁非法开荒、无序扩大灌溉面积等有关规定,并制定了相应的处罚措施。

4.3.1.2　完善配套规章制度,保证《条例》的贯彻实施

为增强《条例》的可操作性,根据《条例》的立法宗旨及国家、自治区的有关规定,还制定了以《条例》为核心的流域配套规章制度。自治区政府先后出台了《塔里木河流域水政水资源管理暂行规定》《塔里木河流域水利委员会章程》《塔里木河流域综合治理项目工程建设管理办法》《塔里木河流域综合治理项目资金管理办法》《塔里木河流域"四源一干"地表水水量分配方案》《塔里木河流域水资源统一调度管理办法》等,为《条例》所确立的一系列法律规定的落实提供了保障。

2008 年,在对《条例》进行后评价的基础上,又拟定了《〈条例〉实施细则》,2009 年通过了自治区人民政府法制办的审议。

4.3.2　流域水量分配体系构建

根据国务院批准的《塔里木河流域近期综合治理规划》,借鉴黄河和黑河流域水量分配的成功经验,编制完成《塔里木河流域"四源一干"地表水水量分配方案》(以下简称《水量分配方案》)。2003 年,自治区批准实施了《水量分配方案》。

水量分配坚持以生态系统建设和保护为根本,以水资源合理配置为核心,源流与干流统筹考虑,生态建设与经济发展相协调,在现有水资源条件下,科学安排生活、生产和生态用水。为了保证水量分配方案的贯彻落实,方案明确了用水总量控制行政首长负责制、责任追究制,对源流实施严格的取水许可限额管理,对超计划用水实行累进加价收费等行政、技术、法律、经济等措施。《水量分配方案》的批准实施,为流域水量分配与调度提供了依据。

2009 年,依据《水量分配方案》,流域内各地(州)、兵团师按照尊重历史、总量控制的原则制订了县团级用水单位水量分配方案,塔里木河流域水量分配体系就此建立。

4.3.3　实施限额用水管理和水量调度管理

自治区对塔里木河流域实行严格的用水总量控制,加强限额用水管理,实行限额用水行政首长负责制。从 2000 年起,自治区在塔里木河流域开展了限额用水工作。每年年初塔里木河流域水利委员会召开会议,与流域各地(州)、兵团师签订年度限额用水目标责任书,明确年度耗用水量、下输塔里木河干流水量指标和水量调度工作责任。执行过程中,由塔里木河流域管理局负责监督检查。年末,塔委会召开会议,对年度限额用水执行情况进行总结,表彰先进,同时对没有完成限额用水任务的单位进行通报批评,并给予经济处罚。

为了落实年度限额用水任务,按照国务院对《塔里木河近期综合治理规划报告》的批复要求,从 2002 年起,自治区在全流域实施了水量统一调度。按照"统一调度,总量控制,分级管理,分级负责"的原则,塔里木河流域管理局负责全流域水量统一调度管理工作,流域各地(州)及兵团师在分配的用水限额内负责区域水资源的统一调配和管理,并实行行政首长负责制。

流域实时水量调度期为 6～9 月。实时调度采取年计划、月调节、旬调度的方式,按照多退少补、滚动修正的原则,逐旬结算水账,调整计划,下达调度指令。为了确保调度指令的执行,自治区出台了《塔里木河流域水资源统一调度管理办法》,明确了调度原则、调度权限、用水申报和审批、用水监督等规定;成立了各级水量调度机构,专门负责水量调度工作;加强和完善了水量监测工作,对涉及兵地分水、源流向干流输水的重要水量控制断面,委托水文部门进行监督、监测,同时派人进驻现场监督监测;严肃调度纪律,加强监督检查,对超计划用水的情况,在全流域通报批评,并责令改正,同时派出督察组采取驻点督察、巡回督察、突击检查等方式,分赴各源流督促水量调度指令的执行;关键期采取关闸闭口、压闸减水等措施控制用水。通过以上措施进行过程控制,有效控制了用水,保证了用水限额任务的完成。

4.3.4　推进流域内民主协商、民主管理、民主决策

4.3.4.1　成立了塔里木河流域水资源协调委员会，制定了章程

水资源协调委员会是由塔里木河流域管理局局长、副局长及流域各地(州)与兵团师水利局局长组成的技术咨询机构，水资源协调委员会将塔里木河流域管理局、流域各地(州)及有关方面联系在一起，各单位局长以专家的身份参会，共同研究、商讨塔委会建设与加强流域水资源统一管理和流域治理项目中技术与非技术方面的重大问题。水资源协调委员会就上述问题形成建议、意见或对策，供塔委会在决策时考虑。水资源协调委员会通过会议的召开，积极听取各方意见，使流域各单位加强了沟通，增进了了解，统一了思想，提高了认识，有效促进了流域水资源的统一管理。

4.3.4.2　成立灌区管理委员会

2004 年，分别成立了塔里木河干流上游灌区管理委员会及中下游灌区管理委员会，委员由塔里木河流域管理局、灌区代表、用水户代表等组成，制定了章程并及时召开了灌委会会议，指导灌区工程管理、用水管理、水费征收等各项工作，促进了灌区内水管理民主协商和科学决策。

4.3.4.3　建立了塔里木河流域水资源管理联席会议制度

按照《塔里木河流域水资源管理联席会议制度》的规定，每年塔里木河流域管理局与相关地(州)、兵团师召开联席会议数次，及时就限额用水和水量调度等问题进行了沟通协调。塔里木河流域水资源管理联席会议制度的建立，将进一步健全与完善塔里木河流域水资源统一管理机制，加强了塔里木河流域管理局与流域各地(州)、兵团师的业务联系和沟通交流，增进水事各方的相互支持和了解，及时化解矛盾，有力推动塔里木河流域综合治理工作健康有序的发展。

4.3.5　建立塔里木河流域水资源调度管理信息系统

加快流域信息化建设，提高现代化管理水平，对实现流域水资源的

统一调度管理具有重要的作用和意义。按照"在流域水资源综合管理与调度工作的总体框架中,通过信息化手段,实现由定性到定量、粗放到精细、静态管理到动态管理"的塔里木河流域信息化建设总体目标,建成了流域水量调度中心,初步建立了塔里木河流域水资源调度管理信息系统。目前,该系统以水量调度管理系统、水量调度远程监控系统、干流生态监测系统及综合办公和公共信息服务系统为重点,实现了数据自动接收处理,重要断面及工程的实时监测、远程监控,信息查询、信息发布等日常业务处理等功能,应用于水资源管理和调度工作中,大大提高了工作效率。下一步还将加强山区控制性水利枢纽工程、流域地下水开采工程等流域水量调度关键控制节点的信息化调度监控系统建设,全面掌握流域水资源开采利用和保护的动态变化,为流域实行水量统一调度和用水总量控制提供信息化管理手段。

4.3.6 改革流域部分水价,促进节水型社会建立

为了加强塔里木河干流水资源的统一管理和节约利用,2003年自治区批准实施了以1997年为成本年的塔里木河干流水利工程供水价格。开征水费几年来,对改革流域部分水价、促进节水型社会建立、抵制用水浪费、促进塔里木河干流灌区节约用水和向塔里木河下游输水起到了积极作用。

随着世界银行贷款(二期)项目、塔里木河干流生态治理抢救工程项目的实施,特别是塔里木河流域近期综合治理项目的实施,塔里木河干流一大批水利工程相继建成并投入使用。为了保证水利工程正常的运行管理、维修养护和更新改造,塔里木河流域管理局在现有已完建工程的基础上,参照有关文件的要求,核算了基于2007年费用标准的塔里木河干流水利工程供水价格。2010年自治区发改委和水利厅联合下发文件批准调整了干流供水价格,其中:农业0.0266元/m³,考虑到干流灌区经济发展水平和用水户承受能力等情况,农业供水价格实行分步调整,即由现行的0.0039元/m³调整为0.019元/m³;牧草由

$0.003\ 7$ 元$/m^3$ 调整为 0.001 元$/m^3$；工业消耗水 0.3 元$/m^3$，贯流水0.1 元$/m^3$；经营性用水 0.6 元$/m^3$。

通过调整水价，充分发挥价格杠杆在水资源配置、水需求调节方面的作用，增强了塔里木河干流沿线干部群众的节水意识，减少了水资源的浪费，进一步促进了干流区环境保护与经济建设协调发展。

第 5 章　流域管理体制与机制
亟待解决的问题

2011 年实施了塔里木河流域水资源管理体制改革,将塔里木河流域四源流整建制移交塔里木河流域管理局,建立了塔里木河流域"四源一干"流域水资源管理新体制。但由于塔里木河流域经济社会发展与生态环境保护、地方与兵团、源流与干流、上游与下游各方面利益错综复杂,在流域管理体制与机制方面还有诸多问题亟待进一步解决。

5.1　流域水资源管理体制与机制不健全

(1)塔里木河流域水利委员会成员单位需补充完善。按照《塔里木河流域水资源管理条例》,塔里木河流域委员会由自治区人民政府及有关行政主管部门、新疆生产建设兵团、流域内各地(州)和兵团师负责人组成,邀请国家有关部委领导参加。但在塔里木河流域近期综合治理项目实施以来,在流域水资源管理方面出现了电调与水调、非法开荒等一些列问题,仅靠塔里木河流域管理局(简称塔管局)难以协调处理和解决,委员会运行体制还需进一步完善。

(2)塔管局内部机构还不健全。塔里木河流域体制改革后,管理职能发生了很大变化,采用原来的机构设置已不能满足新体制下流域水资源管理的需要。诸如,防洪抗旱、水土保持、勘察设计、水产等诸多管理工作需要加强。

(3)塔管局还没有对塔里木河流域水资源真正实行全部管理。在塔里木河流域水资源管理新体制下,仍存在多流域管理机构共同管理,没有实现流域统一管理。诸如喀什葛尔河流域由厅属的喀什葛尔河流域管理处和隶属于喀什地区的盖子河管理处分河段管理;渭干库车河由隶属于阿克苏地区的渭干河流域管理处管理;迪那河和车尔臣河由隶属于巴州水利局的迪那河管理处和车尔臣河管理处管理。

（4）为落实流域管理与行政区域管理相结合、行政区域管理服从流域管理体制，需要建立相应的管理机制，制定完善的相应流域水资源管理的规章制度，做好塔里木河流域管理的顶层设计。但目前塔里木河流域内水工程建设规划同意书制度，工程建设管理、用水总量控制、河流纳污总量控制制度，水行政审查审批、取水许可和水资源论证制度，水行政执法、河道管理、水能开发、水量调度、水土保持等运行机制尚不健全，不能与新体制相适应。

此外，流域水资源管理还缺乏有效的利益调节机制。主要表现在对超限额用水和抢占、挤占生态水的行为还没有相应的调控措施，通常还仅限于以行政手段加以干预和制止，缺乏与超额用水、抢占挤占生态水获益者利益相挂钩的刚性约束机制，对超额用水、抢占挤占生态水的行为遏制不力。

5.2　流域水法制体系不健全

塔里木河流域涉及区域广、点多线长，地处偏远、交通不便，水事活动众多，随着流域管理范围的扩大，流域管理任务日益繁重，水事纠纷和涉水事务矛盾日益加大。但塔里木河流域水行政执法体系不健全，流域水法规需进一步完善，并根据国家、自治区相关水法规，制定配套的流域水制度。水行政执法力量不强，受经济利益驱动，流域内随意打井过量开采地下水、非法开荒强占水资源等现象屡禁不止，水行政执法困难越来越多。表现为地表水和地下水之间的矛盾，地方与兵团以及地（州）和地（州）之间水资源管辖权矛盾、水资源供需矛盾、跨区域水量调度矛盾越来越突出；水资源污染正在加剧，生态环境有进一步恶化的趋势，水事纠纷和涉水事务矛盾日益加大，水资源管理缺乏有效协调；水利工程建设力度不断加大，水利工程的保护和管理任务日益繁重。这些问题的存在影响了社会稳定，制约了塔里木河流域的经济和人民生活水平的提高，也制约了塔里木河流域生态平衡和水环境的改善。

目前,国家及自治区的水法律、法规、规章对执法手段的刚性规定不足,且缺乏可操作性,对违法者的震慑力不够,违法行为很难得到及时有效的遏止。随着流域水利基础设施建设的不断完善,决堤、破坏河道堤防和生态闸、聚众强行开闸引水,在河道管理范围内非法开垦、建房、建堤等阻水建筑物侵占河道,以及违法捕鱼、盗窃水利设备、使用威胁的方法阻碍水行政执法人员执行公务等案件时有发生。有些案件潜在危害很大并已触犯刑律,地方公安机关因警力不足,无法及时有效查处,塔里木河流域水事方面的治安、刑事案件的查处急需加强。

5.3　流域内仍存在水资源分割管理状况

塔里木河流域水资源仍存在分割管理状况,水事矛盾日益突出,具体体现在以下两方面:一是电调与水调矛盾突出,目前塔里木河流域水电开发建设已被大的企业集团占有、控制,形成了多家割据、群雄纷争的局面。但在开发利用中,有法规不按法规、有规划不依规划的无序开发现象十分突出,其后果是工程的综合效益不能发挥,而效益一家独享也影响了社会和谐发展。比如塔里木河流域已建成的开都河上的察汗乌苏水电站、和田河上的乌鲁瓦提水利枢纽工程,发电与农业灌溉、防洪、生态之间的矛盾已日益凸显。察汗乌苏水电站发电以来,开都河出现了从未有过的断流;乌鲁瓦提水利枢纽使和田河下泄塔里木河的水量急剧减少。因此,规范水能资源开发利用,维护水资源统一管理的格局,是实现灌溉、供水、防洪、生态环境保护等水资源综合利用的目标,管理模式的改变已迫在眉睫。二是河流水资源的上下游之间、左右岸之间、地表水与地下水之间是统一规划、统一管理的。地下水管理无序混乱,塔里木河流域地下水主要由地表水转换而来,流域内地表水主要由流域管理机构管理,而地下水资源实行分级分部门的行政区域管理,地表水、地下水处于分割管理的状态,管理不能统一。塔里木河流域管理局是塔里木河流域水资源总量控制(包括地下水和地表水)的一级执行者,但是由于地下水管理体制的原因,缺乏有效的措施对地下水资源开发利用情况实施监督和管理,造成流域内无序打井、超采地下水现象日趋严重,不仅使限额用水总量控制指标无法落实,而且形成随意打井、开荒难以遏制的局面,流域的地下水资源开发利用已经处于失控状态。

5.4　流域管理协商机制不完善

塔委会的委员单位组成还缺少自治区相关部门的参与,难以统一协调流域管理活动,流域管理协商机制还需进一步完善。具体表现在:一是部门之间的协商机制还不完善。由于我国长期对水资源实行统一管理与分级、分部门管理相结合的制度,导致管理部门与开发利用部门相互关系不明、职责不清,严重制约了水资源的可持续利用和经济可持续发展。由于历史的原因,这种现象可能在一定时期将仍然普遍存在,如水污染防治实施监督管理。二是流域之间的协商机制不完善,塔里木河各源流域具有不同来水频率的特性,水资源开发利用情况和流域社会经济发展情况也千差万别,为了能使流域水资源在其承载能力范围内充分体现其功能,流域之间的协商机制当前还十分欠缺。三是地方与兵团的协商机制还没有建立,由于流域水资源的稀缺性,在用水过程当中,地方与兵团的水事争端也常发生,为了能较好地减少地方与兵团在水资源使用过程中产生的矛盾,促进流域经济社会的和谐发展,其协商机制需完善。塔里木河流域管理新体制已基本建成并开始运行。但由于新的塔里木河流域管理体制刚刚建立,流域内水情资料的范围、精度、时间、深度还不能满足新体制下流域统一管理的要求,流域管理中水土保持、渔业保护、水利经济管理、重点水库水量调度管理等方面缺少相应机构,工作协调难度大,难以很好实现"三条红线"控制和最严格水资源管理。

5.5　流域水资源管理手段较单一

由于塔里木河流域水资源管理涉及方方面面的关系,系统复杂,因而需要采取行政、法律、经济、科技等多种手段综合管理水资源。目前,在流域水资源的管理中手段还比较单一,主要依靠行政手段来协调和处理水资源管理中出现的问题。如流域开展的水量调度工作,主要依靠行政手段协调流域各地(州)、兵团师之间的用水,而法律手段、经济及科技手段等力度还不够或不能发挥重要的作用;同时,当地群众把水资源当作"天赐之物"的意识根深蒂固,水的商品意识极其淡薄。流域内大量开荒,片面追求经济利益,导致挤占生态用水的现象越来越严重,缺乏有效的市场调节手段。因此,积极推进水价改革,充分发挥水价的调节作用,兼顾效率和公平,大力促进节约用水和产业结构调整。工业和服务业用水要逐步实行超额累进加价制度,拉开高耗水行业与其他行业的水价差价。按照促进节约用水、降低农民水费支出、保障灌排工程良性运行的原则,推进农业水价综合改革。尽快建立用水补偿机制,不断提高用水效率;通过优化调整产业布局,努力退减生产用水,提高生态用水比例,遏制生态恶化局面。

5.6　水资源管理考核制度没全面落实

塔里木河流域资源性缺水与水资源浪费现象并存。一方面,因为塔里木河流域自身自然条件的恶劣,形成资源性缺水。另一方面,由于水利设施基础薄弱、管理体制不健全,水资源浪费现象严重。新中国成立以后,塔里木河流域,尤其是源流区的水利建设事业和流域治理工作发展很快,农业灌溉保证率有了很大提高。《塔里木河流域近期综合治理规划》项目的实施,在一定程度上改善了"四源一干"的灌溉条件,节水灌溉规模不断扩大。但由于流域地域广,水利基础设施建设仍十分薄弱。目前,流域部分地区农业灌溉水利用系数仅为 0.3 ~ 0.4,节水灌溉发展缓慢,水利用效率和生产效益较低,部分灌区 1 m^3 水仅产粮 0.31 ~ 0.21 kg,产棉 0.11 ~ 0.03 kg,仅为全国平均水平的 20% ~ 30%,也落后于全疆平均水平。且由于水资源利用不合理、灌排不配套等原因,流域内灌区土地次生盐碱化十分严重。这与塔里木河流域还没有完全建立水资源管理责任和考核制度,没有实行行政首长负责制并将落实流域分水方案情况作为考核的主要内容有直接的关系。水资源管理考核制度没全面落实影响了流域水资源实施最严格的水资源管理。

第6章　国外流域及黄河流域水资源管理体制分析

　　流域是地表水及地下水分水线所包围的集水区域的统称。流域的管理体制是指流域管理机构的设置、管理权限的分配、职责范围的划分以及机构运行和协调的机制。管理体制的核心问题是管理机构的设置和职权范围的划分。流域的管理体制问题是流域可持续发展研究方面的重点问题之一。因此,一个科学、合理的流域管理体制,是对流域的开发、利用和保护活动进行有效管理所应具备的先决条件,是实施流域可持续发展战略目标的基本组织保证。它不仅可以大大提高流域管理工作的效率,还可以在一定程度上弥补因流域管理法制不健全和管理技术手段落后而存在的不足。

　　世界上许多国家都非常重视关于流域管理体制方面的研究,并且经常地总结本国和借鉴他国在流域管理体制方面有益的或成功的经验,不断地调整或改革自己的流域管理体制,以期更加适合流域管理活动的需要。

6.1　国外流域水资源管理体制分析

　　在水资源日益短缺的今天,世界各国均加强了水资源管理工作。为了保证对公众的服务,有利于水资源的可持续利用,各国政府均根据本国的实际情况采取不同的管理方式,形成的流域水资源管理体制多种多样,每一种管理体制都代表着一种适应于一定环境的流域水资源管理的系统化的思想。了解分析国外在流域水资源管理上的成功经验,在研究改革沂沭泗流域水资源管理体制中加以借鉴,无疑具有很大的理论和实践价值。从总体上看,世界各国在流域管理上大体可归为三种模式：流域管理局模式、流域协调委员会模式和综合流域机构模式，如表 6-1 所示。

表 6-1　国外流域管理模式及特点

	模式	特点
国外流域管理	流域管理局	责权利高度统一 政企有机结合 流域综合管理 流域与区域相结合 法律法规健全完善
	流域协调委员会	流域统一管理 综合、分权相结合 有偿用水、补偿收费 法律法规健全完善
	综合流域机构	保护、开发和利用一体化 一条龙服务 法律法规健全完善 流域统一管理

6.1.1　流域管理局模式

流域管理局模式的性质为中央政府下属的权力机构，不仅负责流域内的水资源管理，而且对流域内与水资源相关的经济和社会发展拥有广泛的权力。其目的是推进自然经济和经济社会的有序发展。

这种模式的典型代表是美国田纳西流域管理局（TVA）。它是依据 1933 年美国国会通过的《田纳西流域管理法》而成立的联邦政府的特殊机构。该管理法赋予 TVA 的使命是：代表联邦政府管理流域内全部自然资源，妥善解决人类在资源的开发和节省中所遇到的各种问题，从而最大限度地治理水灾、改善航运、提供电力、保护环境，促进区域经济发展,提高人民的生活水平。为了实现这一目标,管理法赋予 TVA 以下权力:有权以美国政府名义行使土地征用权,以征用或购买方式占用不动产;在法律许可的情况下,有权将其所有或管辖的不动产予以转让或出租;有权在流域范围内修建火电站、核电站、输变电设施、通航工程,并建立区域电网;可独立行使对流域内河流开发权、电力生产和销售权、电价制定权、债券发行权及债务偿还、财务管理及售电收入的分配等方面权利。TVA 严格遵循法律所明确的权力和责任,将政府的职能和权力与服务社会、发展区域经济妥善结合,灵活主动地开展工作,以其辉煌的业绩证明 TVA 模式是成功的。

TVA 模式的特点主要表现为:

(1)责权利高度统一:管理法不但明确了 TVA 的主要职责,而且还明确了 TVA 在流域内可行使的开发权、所有权、管理权及融资权等,使 TVA 在具体操作上有更多的主动性和灵活性,充分利用法律所赋予的权利,不断地扩大自己的服务领域,以电养水,以水治水,以水求生存、求发展、求壮大、求繁荣。

(2)政府职能及企业效益有机结合:TVA 既是联邦的政府机构,又是独立的企业法人。作为政府机构,TVA 承担了航运、防洪、供水、改善水质、生态环境保护、提供娱乐用水等社会责任;发布水情通报,协助各州政府、社区组织和大型企业制订各自的防洪计划和应急洪水预案,同时积极开展如“净水计划”、“湖泊改良计划”、“优质社区计划”等以社会效益为主的项目建设。作为企业法人,TVA 利用水资源开发水电产业,不断扩大经营范围,如进行土地买卖、开发火电及核电项目等。每年从营业额中拿出 5% 上交州政府,作为地方补偿,从而妥善地处理了政府机构与州政府的关系。

(3)流域管理与区域管理相结合:对田纳西流域的水资源管理,管理法也作了明确的分工,由州政府负责水资源保护、社区防洪安全,向用水部门发放用水许可证,并负责上述工作的实施,以及水质监测与监督。州政府每两年编制一份地方水资源评价报告上报联邦政府。TVA 的职责是根据各州《清洁水法》和环境保护目标,综合分析地方水资源评价报告,针对具体问题,对水资源调度进行适当调整,同时向地方政府和公众提供防洪、水资源保护等方面的技术支持。

由于 TVA 的出色实践和所取得的成绩,这种模式的流域管理体制已演化为一种落后地区经济发展的范式,印度、墨西哥、斯里兰卡、阿富汗、巴西、哥伦比亚等国相继建立起相类似的以发展、改善流域经济为目标的流域管理局。由于这类模式集中的权力很大,在协调与地方政府、各有关部门对水资源开发利用的利益方面还逐渐遇到相当大的阻力,在发展中国家尚无取得明显成功的范例,在美国也因遭到反对而没能推广这种模式。

6.1.2 流域协调委员会模式

流域协调委员会是河流区域内各地方政府和有关部门的协调组织,是由国家立法或由河流区域内各地方政府和有关部门通过协议建立的。流域协调委员会由联邦政府有关机构和流域内各州政府代表共同组成,实行协商一致或多数同意的原则。其主要职责是根据协议对流域内各州的水资源开发利用进行规划和协调。这类模式间的权力差别很大,有的是流域管理的决策机构,代表国家进行流域管理,有权制订计划和管理政策,修建和管理水工程,负责用水调配等;有的则仅限于协调州际间的矛盾,制订流域规划并提供实施建议,促进流域资料的收集和研究,向政府和用户提供咨询。法国、西班牙、澳大利亚等国的流域管理均属于此类流域管理模式,尤以法国为代表。

法国的水资源管理体制是世界上公认的最好的体制之一。法国国土按行政区划分为 22 个大区 96 个省,按流域划分为六大流域。对于水资源管理而言,行政区划分没有太大意义。

法国的地表和地下水资源作为国家公有财产,对其管理是以如下几个原则为基础的:

(1)流域管理的对象不是作为物体的水,而是水交换系统,同时必须考虑流域的自然地理范畴。由于水资源本身与行政区划无关,理应按流域管理而不是按行政区域管理,这是法国水资源管理机构设置的最基本原则之一。

(2)在保护水生态环境的前提下,综合考虑所有用水目的的需求。

(3)在公共权力机构和水资源开发单位之间建立合作协调关系，要求各层次有关机构和用户共同协商、积极参与。

(4)建立专门的水资源理财机制，任何用水部门都要取水交费，包括水费和水污染费。每一个造成污染者都要交数倍的治污费（罚款），造成水系统状态（水质、河流或水井水位、淹没、河床、河道、钻井等）的任何变化都要交费。

(5)保障任何居民及组织的用水法律权利不受侵犯，保护作为整个环境最主要调节剂的水环境。

(6)尊重有关私有或公有机构的能力，共同为水资源环境的开发和保护出力。

法国现行的水资源管理体制是按国家、流域、支流和次流域三级统一管理的体制。

● 国家级——国家水务委员会和部际水资源管理委员会

在各阶层所有地方团体和用户的参与下，法国的水资源政策由国家制定，以便在保护水生态环境的前提下，对水资源环境进行全面整体管理。国家水务委员会的主要职责是对国家水政策方针及法规文本的起草提供咨询并负责法规的批准，进行取排水授权和水质管理等方面的协调工作。部际水资源管理委员会是由国土整治与环境部，装备、交通与住房部，农业部，卫生部等有关部门组成的，没有常设机构，不定期召开会议。其主要职责是制定江河治理的大政方针和协调各有关部门发生的纠纷等。

● 流域级——流域委员会和水务局

流域级在水资源管理体制中处于核心的地位。流域委员会也称水议会。六大流域各有一个流域委员会。委员长由地方选举产生，成员由地方三级（市镇、省、大区）民选的代表、用水户代表、政府有关部门的代表各占1/3组成。委员会不是经常办公，而是每年召开1~2次会议，通过某些决议。其主要职责是：在考虑水务委员会制定的国家有关政策前提下，起草制订流域水资源开发和保护总体规划，确定水资源平衡、水量、水质管理的基本方针；指导审议其下设水务局对取水和排污收费的比率和基准，审查水务局中长期规划及投资资助方案和指导私有或公有污水处理厂的有效运转。不管是地方行政局、国土整治与环境部，还是财政部，都不干涉流域委员会的决议，这就保证了流域委员会履行职责的权威。

　　水务局是流域委员会下设的办事机构，相当于流域委员会的秘书处。水务局是法国水资源环境管理体制中的核心机构，水务局不是政府部门，其主管政府部门为国土整治与环境部和财政部。水务局的财政人员由财政部指派，监督执行其财政收费和资助行为；国土整治与环境部也设有财政监督管理人员，以便控制水务局的实际财务走向。

　　水务局由其董事会管理，董事长及水务局主任由法国政府指派，其中水务局主任由环境部提名，法国总理任命，代表法国政府的利益。董事会由地方团体代表、不同用水户代表、国家代表各占 1/3，再加一名水务局员工代表组成。其主要职责包括：准备和实施流域委员会制订的政策和规划，保护和改善流域的水环境；为流域水资源开发和保护提供技术咨询、调查和研究，以及资金分配；向所有水资源的使用者收取用水费和排污费；通过补贴、贷款方式，将收取费用的大部分用于资助地方政府与工业企业（另一部分用于水务局运行费），鼓励和促进污染防治设施及水资源的保护。

　　● 支流和次流域级——地方水务委员会

　　建立地方水务委员会的目的是制订和实施该区域的水资源开发与保护计划。其成员一半来自地方团体代表，用水户代表和国家政府代表各占 1/4。地方水务委员会承担下列设施、设备的研究、建设和运营：流域或其部分地区水资源的开发；非政府管理的河道的开发和管理；供水；雨水径流的控制；洪水、污染防治；地表和地下水的保护；景点、生态系统、湿地和森林的保护与恢复。所有这些有关区域水资源开发的管理计划均必须符合法律原则，作用范围由流域委员会制订的总体规划确定。

　　法国实行的水资源管理体制的显著特点是：建立了明确的法规和法律体系，实行流域统一管理；综合、分权相结合，实行用水、排污、治污收费制，并用于资助兴建或改善水源工程或污水处理工程，取之于水，用之于水。这一体制体现了依法治水、科学治水，以经济手段保水的思想。

6.1.3　综合流域机构

这是世界上目前较为流行的一种模式。其职权既不像流域管理局那样广泛,也不像流域协调委员会那样松散、单一,它的职权主要体现在调配水资源和控制污染上。在欧盟各国及东欧一些国家已普遍实行这种综合性流域管理体制,尽管在职能上不尽一致,但其管理的基本特征都是着重于水循环,对流域内地表水与地下水、水量与水质实行统一规划、统一管理和统一经营,具有水资源管理以及控制水污染和管理水生态环境等职责。在水污染日益严重的今天,这类流域管理体制得以广泛建立。这种模式最有代表性的是英国英格兰及威尔士地区的流域水资源管理。

英国水资源管理体制迄今尚无国家一级专职管理水资源的政府部门,而由政府的有关部门分别承担,它们只起宏观控制和协调作用,主要负责制定和颁布有关水的法规政策及管理办法,监督法律的实施,并宏观控制地区或流域一级水管理机构的财务。地区级的水管理准则,由国家或地方法律规定成立的相应管理机构承担。

在英格兰及威尔士地区,自20世纪70年代初开始,水资源管理体制发生了两次较大的变革:另一次是根据1973年水法,实行按流域分区管理,经合并、整顿,成立了10个水务局,流域内不再按过去的行政区划分和受其管辖权的限制,每个水务局对本流域与水有关的事务全面负责,统一管理,水务局不是政府机构,而是法律授权的具有很大自主权、自负盈亏的公用事业单位;另一次是在20世纪80年代后期,在1986年政府宣布通过立法使水务局转变为股份有限公司,其目的是使水务局可不受公共部门的财政限制和政府干预。在1989年水法颁布后,水务局便成为国家控股的纯企业性公司并改称为水务公司,负责提供整个英格兰和威尔士地区的供水及排污服务。

经历了这两次变革,英国的水管理已由过去的多头分散管理基本上统一到以流域为单元的综合性集中管理,逐步实现了水的良性循环,并在较大的河流上都设有流域委员会、水务局或水务公司,统一流域水资源的规划和水利工程的建设与管理,直到供水到用户,进行污水回收与处理,形成一条龙的水管理服务体系,使水资源在水量、水质、水工程、水处理上真正做到了一体化管理、一条龙服务,一切与水有关的活动均由水管部门统一管理,具体再按有关部门分工合作,互相配合。这样就实现了水量水质并重,资源工程一体化,取水必经许可,污水必经处理。其最突出的特点是流域水资源的开发利用和保护工作全部由水管部门负责。

6.2　国外流域管理经验及发展趋势

6.2.1　国外流域管理的成功经验

从水资源流动的自然规律看,流域构成水资源管理的完整体系。从水资源配置和水污染防治的综合性、复杂性以及与社会人口的相关性看,应按流域实施统一调配和开展综合治理。建立流域范围内的综合管理机构既是自然属性的内在要求,也是加强水资源统一管理的一个十分重要的保证。尽管不同国家之间的政治体制、经济结构、自然条件和水资源开发利用程度存在一定的差异,但各国政府对水资源作为水系而独立存在的基本规律都有着共同的认识,并依照本国的实际情况,尽可能以流域为单元实行统一规划,统筹兼顾,以促进水资源的可持续利用。各国已经积累了富有特色的管理经验,可归纳概括为以下几个方面:

(1)确定水资源的公共性,增强政府控制力度。

水资源的管理体制与水的所有制形式有着密切的关系。目前,国际上普遍重视水的公共性,提倡水是全民共同财产的组成部分,为社会所使用,并采取各种形式增强政府对水资源的管理和用水的控制。

(2)明确水资源法规的保障性,加强水的立法工作。

随着人类社会的不断发展,民众的需求和欲望也在不断地变化,对水资源管理的要求也越来越高。各国普遍认识到完善水的立法是有效实施水资源管理的根本保证,这是法律的活力所在。西方发达国家水的法律法规比较健全,社会各界都能严格遵守,一切水事活动均严格依照法律赋予的责、权、利办事。

(3)明确流域水资源的整体性,推进流域统一管理。

为适应水循环的自然规律,实行水资源的流域统一管理,被认为是当今较科学的管理模式。一般是对地表水和地下水、水量和水质、开发和治理进行统一的综合管理。各国政府在水管理上均加强推进流域统一管理的力度,以较全面地解决所有水及其相关的生态问题。

(4)实行取水许可制度和水权登记制度,促进节约用水。

世界上许多国家普遍实行取水许可制度和水权登记制度,计划用水、节约用水,以利于水资源的保护和可持续利用。许多国家在水法中规定,除法律有特殊规定外,一切用水活动都必须取得取水许可证,并在某些情况下加以限制或撤销。

(5)重视社会作用,建立民主参与机制。

世界上许多国家已认识到,一个有效的水资源管理的重要途径必须是"共同参与"的管理,即包括与水资源有关的各级决策层和各级政府管理部门、各级立法执法部门、各类用户、各类科研部门、各类工程技术单位等民主参与的管理。在民主参与的基础上,规划、设计、实施和评价战略意义明确、经济效益高、社会效益好的项目和方案,实现水资源的优化管理,有利于流域的生态系统建设,有利于流域社会经济的持续发展。

6.2.2　国外流域管理的发展趋势

在西方发达国家,经过近百年的发展演变,流域管理的体制、内容已发生了重大变化。产生变化的深刻背景是随着水资源开发利用程度的不断提高和科技的不断进步,人们对水资源以流域为单元发展、演变的自然规律以及水资源可持续利用与经济社会、生态环境协调发展之间关系的认识也不断提高。人们对水资源的管理,已从着眼于水资源的多功能特性的综合开发和利用、强化人对自然的控制、最大限度地满足经济发展的需要,逐步向以流域为纽带把各种资源有机结合起来的资源综合体的水环境综合管理过渡,这已是一种发展趋势。尽管各国国情不同,所采取的对策措施以及管理体制有所差异,但水资源的统一管理已成为普遍趋势,以流域为单元的管理模式正在不断优化。流域统一管理是现代水资源管理的主流和方向,并向流域水资源环境的综合管理、集成管理方向发展。归纳起来,国外流域管理的发展趋势主要有以下几个方面:

(1)注重从流域内人类生存环境的角度进行流域水资源环境综合管理,其中更加强调生态环境的管理,以水环境的自然演化规律为依托来管理,不是人控制自然,而是适应自然。

(2)注重以流域为单元的水资源环境综合规划,既考虑地表水与地下水、水量与水质以及与水相关的其他资源的统一性,又考虑流域水资源环境与流域经济发展的关系;既考虑提高水资源环境容量以促进流域经济发展,又考虑约束经济发展使其不超越或冲击水资源环境在当代经济、技术条件下所能达到的最大容量。

(3)注重流域水行政管理与水资源开发部门的分离,构筑相互制约机制,更有效地保护、开发和可持续利用水资源。

(4)注重流域水资源管理中的经济杠杆调节作用,促进保护开发利用的社会化和市场化与流域宏观调控相结合,全面推行用水、排污、污染付费制。

(5)注重流域水资源环境管理的立法、执法,使开发、利用和保护均依法进行,违法必罚。

(6)注重流域水资源的水权管理,逐步由取水许可证向水权制度过渡。水权的明晰,特别是环境、生态等基于公众利益的用水权产权的明晰,更有利于水资源的节约和保护,提高用水效率,同时也是水价真正走向市场化管理的基础。基于所有权和使用权分离的水权管理,将逐步成为水资源管理发展的一种趋势。

(7)注重民主协商机制的建设,在流域统一管理中鼓励地方政府和各用水部门参与管理决策,实现"流域民主自治",通过预防性安排和法律程序协调各部门、各地区间的利益冲突。

6.3　黄河流域水资源管理体制

6.3.1　黄河流域水资源管理体制概况

我国是开展流域管理比较早的国家,七大江河设有七个流域机构,即长江水利委员会、黄河水利委员会、淮河水利委员会、珠江水利委员会、海河水利委员会、松辽水利委员会、太湖流域管理局,并且在全国各地还成立了一些支流流域机构。这些流域机构对我国的水资源管理的保护、开发和利用发挥了一定的作用。新中国成立以来,流域管理水平不断提高,特别是位于中西部的黄河流域,就如何加强流域水资源的统一管理,促进黄河流域水资源的有序开发、合理利用取得了巨大的成绩。黄河流域绝大部分地处我国西北干旱、半干旱地区,气候干燥,降水量少,蒸发能力大,水资源不丰富。在全国的七大流域中,其特点与塔里木河流域有较多的相似之处,因此以黄河流域管理体制为典型,对其进行简要的说明。

黄河流域水资源管理体制是在国家政治经济体制和水资源管理政策的大环境下建立的。目前,涉及黄河水资源管理的机构有国务院有关部、委、局,流域内各省(区)水利厅和有关厅局及黄河流域管理机构——黄河水利委员会。各有关部门、省(区)及流域机构按照各自分工及授权职责承担黄河水资源管理工作。

中央一级涉及黄河水资源管理的部门有国家发改委、水利部、国家环保总局、住建部、国土资源部等。此外,农业部、科技部等也与黄河水资源管理有关系。

流域各省(区)在黄河水资源管理方面的工作,主要由作为省(区)水行政主管部门的各省(区)水利厅及各地(市)、各县(市)水行政主管部门负责在其行政区域范围内的水资源管理工作。

按照1994年水利部批准的“三定”方案,黄河水利委员会作为水利部在黄河流域的派出机构,在流域内行使水行政管理职能;按照统一管理和分级管理的原则,统一管理本流域水资源和河道;负责流域的综合治理,开发管理具有控制性的、重要的水工程,搞好规划、管理、协调、监督、服务,促进江河治理和水资源综合开发、利用和保护。其主要职责是:

(1)负责《中华人民共和国水法》、《中华人民共和国水土保持法》等法律法规的组织实施和监督检查,制定流域性的政策和法规。

(2)制订黄河流域水利发展战略规划和中长期计划。会同有关部门和有关省、自治区人民政府编制流域综合规划及有关的专业规划,规划批准后负责监督实施。

(3)统一管理流域水资源,负责组织流域水资源的监测和调查评价。制订流域内跨省(区)水长期供求计划和水量分配方案,并负责监督管理,依照有关规定管理取水许可,对流域水资源保护实施监督管理。

(4)统一管理本流域河流、湖泊、河口、滩涂,根据国家授权,负责管理重要河段的河道。

(5)制订本流域防御洪水方案,负责审查跨省(区)河流的防御洪水方案,协调本流域防汛抗旱日常工作,指导流域内蓄滞洪区的安全和建设。

(6)协调处理部门间和省(区)间的水事纠纷。

(7)组织本流域水土流失重点治理区的预防、监督和综合治理,指导地方水土保持工作。

(8)审查流域内中央直属直供工程及与地方合资建设工程的项目建议书、可行性报告和初步设计。编制流域内中央水利投资的年度建设计划,批准后负责组织实施。

(9)负责流域综合治理和开发,组织建设并负责管理具有控制性的或跨省、自治区的重要水工程。

(10)指导流域内地方农村水利、城市水利、水利工程管理、水电及农村电气化工作。

(11)承担部授权与交办的其他事宜。

黄河流域水资源管理体制框架见图6-1。

按照水利部(水人事〔2009〕642)重新批准的“三定”方案,黄河水

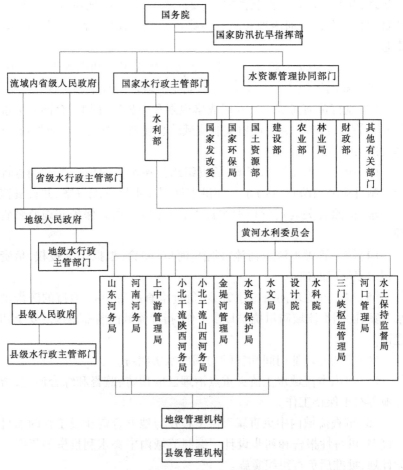

图6-1 黄河流域水资源管理体制框架

利委员会的职责进行了调整,对流域管理职能进一步加强。其主要职责是:

(1)负责保障流域水资源的合理开发利用。受部委托组织编制流域或流域内跨省(自治区、直辖市)的江河湖泊的流域综合规划及有关的专业或专项规划并监督实施;拟订流域性的水利政策法规。组织开展流域控制性水利项目、跨省(自治区、直辖市)重要水利项目与中央水利项目的前期工作。对地方大中型水利项目进行技术审核。负责提出流域内中央水利项目、水利前期工作、直属基础设施项目的年度投资计划并组织实施。组织、指导流域内有关水利规划和建设项目的后评估工作。

（2）负责流域水资源的管理和监督，统筹协调流域生活、生产和生态用水。负责《黄河水量调度条例》的实施并监督检查。受部委托组织开展流域水资源调查评价工作，按规定开展流域水能资源调查评价工作。按照规定和授权，组织拟订流域内省际水量分配方案和流域年度水资源调度计划以及旱情紧急情况下的水量调度预案并组织实施，组织开展流域取水许可总量控制工作，组织实施流域取水许可和水资源论证等制度，按规定组织开展流域和流域重要水工程的水资源调度。

（3）负责流域水资源保护工作。组织编制流域水资源保护规划，组织拟订跨省（自治区、直辖市）江河湖泊的水功能区划并监督实施，核定水域纳污能力，提出限制排污总量意见，负责授权范围内入河排污口设置的审查许可；负责省界水体、重要水功能区和重要入河排污口的水质状况监测；指导协调流域饮用水水源保护、地下水开发利用和保护工作。指导流域内地方节约用水和节水型社会建设有关工作。

（4）负责防治流域内的水旱灾害，承担流域防汛抗旱总指挥部的具体工作。组织、协调、监督、指导流域防汛抗旱工作，按照规定和授权对重要的水工程实施防汛抗旱调度和应急水量调度。组织实施流域防洪论证制度。组织制订流域防御洪水方案并监督实施。指导、监督流域内蓄滞洪区的管理和运用补偿工作。按规定组织、协调水利突发公共事件的应急管理工作。

（5）指导流域内水文工作。按照规定和授权，负责流域水文水资源监测和水文站网的建设和管理工作。负责流域重要水域、直管江河湖库及跨流域调水的水量水质监测工作，组织协调流域地下水监测工作。发布流域水文水资源信息、情报预报、流域水资源公报和流域泥沙公报。

（6）指导流域内河流、湖泊及河口、海岸滩涂的治理和开发；按照规定权限，负责流域内水利设施、水域及其岸线的管理与保护以及重要水利工程的建设与运行管理。指导流域内所属水利工程移民管理有关工作。负责授权河道范围内建设项目的审查许可及监督管理。负责直管河段及授权河段河道采砂管理,指导、监督流域内河道采砂管理有关工作。指导流域内水利建设市场监督管理工作。

(7)指导、协调流域内水土流失防治工作。组织有关重点防治区水土流失预防、监督与管理。按规定负责有关水土保持中央投资建设项目的实施,指导并监督流域内国家重点水土保持建设项目的实施。受部委托组织编制流域水土保持规划并监督实施,承担国家立项审批的大中型生产建设项目水土保持方案实施的监督检查。组织开展流域水土流失监测、预报和公告。

(8)负责职权范围内水政监察和水行政执法工作,查处水事违法行为;负责省际水事纠纷的调处工作。指导流域内水利安全生产工作,负责流域管理机构内安全生产工作及其直接管理的水利工程质量和安全监督;根据授权,组织、指导流域内水库、水电站大坝等水工程的安全监管。开展流域内中央投资的水利工程建设项目稽查。

(9)按规定指导流域内农村水利及农村水能资源开发有关工作,负责开展水利科技、外事和质量技术监督工作;承担有关水利统计工作。

(10)按照规定或授权负责流域控制性水利工程、跨省(自治区、直辖市)水利工程等中央水利工程的国有资产的运营或监督管理;研究提出直管工程和流域内跨省(自治区、直辖市)水利工程供水价格及直管工程上网电价核定与调整的建议。

(11)承办水利部交办的其他事项。

现行的黄河流域水资源管理体制框架见图6-2。

6.3.2　黄河流域水资源管理体制经验分析

(1)建立以流域为单元的黄河水资源统一管理体制是黄河水资源管理的必然选择。

黄河流域水资源供需矛盾突出,各部门、各行业、各省(区)对水资源的需求不一,如果不建立以流域为单元的水资源管理体制进行统一

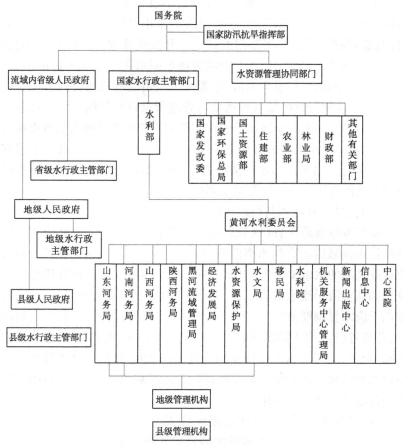

图 6-2 现行的黄河流域水资源管理体制框架

管理和调度,必然失去对流域水资源的控制,或控制能力不足,造成过度使用水资源和水资源的无序竞争利用,断流频繁,水环境容量降低或破坏。只有加强流域水资源的统一管理和调度,才能更好地协调各部门、各行业、各省(区)的用水,统筹考虑,合理开发,高效利用水资源。黄河流域水量统一调度已充分证明了这一点。

(2)流域机构必须在重要河段和控制性枢纽实行直接管理或调度。

　　黄河下游河道以及刘家峡、三门峡、小浪底等控制性枢纽,对全流域的治理和管理具有举足轻重的作用,如果由其所在的行政区域或部门(行业)根据本地区、本部门的利益去开发或管理,会对全流域的治理和管理造成不利影响,并可能成为地区间水事纠纷或矛盾的根源。这些控制性的枢纽和重要河段、重要水工程由流域机构实行直接管理或调度,是任何行政区域管理或部门管理所难以取代的。虽然目前黄河水利委员会尚未对全河所有的控制性的枢纽和重要河段实行直接管理,但从对三门峡水利枢纽和下游河段实行的直接管理以及对上游刘家峡水库进行的非汛期水量调度来看,其对防洪、水资源调配、用水控制等方面的作用已在一定程度上得以体现。

　　(3)流域管理必须与行政区域管理相结合。

　　黄河流域地跨9省(区),涉及众多的行政区域,流域机构不可能垄断管理流域内所有的水事活动,也没有那么多的人、财、物投入到每个行政区域的水事事务中,因此应将流域管理与区域管理有机结合起来。如在黄河干流水量调度中,黄河水利委员会负责省际分水和协调,编制干流水量调度方案,对省(区)用水进行总量控制,并通过控制断面,监督省(区)用水情况和执行调度方案的情况;省(区)负责具体的用水、配水,至于各取水口取水的监督管理,由各级取水许可监督管理单位按照管理权限实施。流域管理与行政区域管理的结合,对缓解下游断流起到了重要的作用。

　　(4)黄河水资源管理必须运用行政、法律、经济、科技等综合手段。

　　水资源系统是一个由多层次的自然系统和人文系统相结合的产物,水资源管理必然涉及多方面的关系,涉及社会、经济、政治及文化各个方面,涉及每一个人,是一个极其复杂的多层次管理。要建立合理的"人与自然"之间的平衡,建立公正的"人与水"、"人与人"之间的和谐,使水资源实现合理开发、优化配置、高效利用、有效保护,仅靠单一的管理手段是难以管理复杂的水资源系统的,必须采取行政、法律、经济、科技等综合手段,加强黄河流域水资源的统一管理。

6.4　国外流域及黄河流域水资源管理体制机制启示

　　塔里木河流域属干旱区,水资源紧缺,缺水矛盾十分尖锐。综合国内外在流域水资源管理的经验,在流域的开发、利用和保护管理方面,只有将每一个流域都作为一个空间单元进行管理才是最科学、最有效的。因为在这个单元中,管理者可以根据流域上、中、下游地区的社会经济情况、自然环境和自然资源条件,以及流域的物理和生态方面的作用与变化,将流域作为一个整体来考虑其开发、利用和保护方面的问题。这无疑是最科学、最适合流域可持续发展客观需要的。根据塔里木河流域的实际,在流域内实施流域管理局的模式和流域协调委员会的模式不合适,应借鉴法国等欧盟及东欧国家实施的综合流域机构模式经验,对流域内地表水与地下水、水量与水质实行统一规划、统一管理和统一经营,加强水资源管理以及控制水污染和管理水生态环境等;结合黄河流域水资源管理体制经验,推进塔里木河流域水资源的统一管理。塔里木河流域目前的管理还不完全是大流域管理,流域管理的意识和方式随着经济社会的发展,应不断引向深入。第一,必须按流域对地表水、地下水进行统一管理、统一规划。第二,流域管理与区域管理相结合,充分考虑综合规划,注重流域内的各方利益,注重协商,鼓励公众参与,注重与经济、环境、社会的协调。第三,区域管理服从流域管理,对水资源的开发、利用、保护实行最严格"三条红线"控制管理,对流域内重要的控制性工程实行直接管理和调度。第四,促进水资源开发利用的社会化、市场化,注重水行政管理与开发利用部门的有机分离。第五,需高度重视流域法治体系建设,以逐渐实现流域的依法管理。

第7章　塔里木河流域水资源管理体制机制的深化改革与创新

2011年发布的《中共中央国务院关于加快水利改革发展的决定》（中发〔2011〕1号），对水资源管理提出了一系列要求。要求建立用水总量控制、用水效率控制制度和确立用水效率控制红线。抓紧制订主要江河水量分配方案，建立取用水总量控制指标体系。坚决遏制用水浪费，把节水工作贯穿于经济社会发展和群众生产生活全过程。从严核定水域纳污容量，严格控制入河湖排污总量。完善流域管理与区域管理相结合的水资源管理制度，建立事权清晰、分工明确、行为规范、运转协调的水资源管理工作机制。《自治区党委自治区人民政府关于加快水利改革发展的意见》（新党发〔2011〕21号）中明确提出深化水资源管理体制改革，研究设立水资源管理机构，完善塔里木河流域水资源统一管理体制机制，实施统一的流域管理。因此，塔里木河流域必须创新水资源管理体制，在有条件的区域，积极开展水权交易、转让试点工作。为贯彻中央1号文件、自治区党委21号文件的精神，针对塔里木河流域当前水资源管理体制机制中存在的主要问题，借鉴国外流域及黄河流域水资源管理的先进经验，从法律、行政、经济、技术、市场五个角度提出构建塔里木河流域水资源管理体制机制的深化与完善的具体措施。

7.1　完善流域管理机构

7.1.1　健全塔里木河流域水利委员会

借鉴国外流域管理的成功经验，参考国内学者的研究成果，塔里木河流域横跨"九源一干"区域,涉及不同层次、不同性质的众多经济主体;不同区域之间的经济发展水平不同,源流之间、源流与干流之间、干流上中下游之间经济发展差距较大;不同区域在流域生态环境建设方面的地位和作用不同。因此,在塔里木河流域的开发治理过程中,不同经济主体的利益得失不同,需要在流域管理的层面建立不同经济主体之间的利益协商对话机制。具体来说,就是进一步完善塔里木河流域内各地(州)政府代表、主要用水单位代表、有关专家学者和其他利益相关者的代表参加的塔里木河流域水利委员会,将自治区经信委、电监局、电力局、水电站管理单位等纳入委员会。塔里木河流域治理和管理的任何重大决策都应提交塔里木河流域水利委员会讨论。委员会应定期召开会议,就流域开发治理的相关工程建设、资源开发利用、生态环境建设、水土保持等进行讨论,形成书面意见或建议。各经济主体既可以通过这种协商对话机制充分表达自己的利益诉求,又可以全面了解相关经济主体的利益诉求,避免各自为政的盲目竞争,自觉加强协同合作,实现流域总体效益最大化。

7.1.2 完善流域管理机构

按照完整流域管理概念,参考国内外流域管理的先进经验和流域发展趋势,按照循序渐进的方法建立新型塔里木河流域管理体制,现行流域管理机构需要完善以下几个方面:

(1)完善流域管理与区域管理相结合,区域管理服从流域管理,分工明确、运转协调的水资源管理体制。成立统筹地方、新疆生产建设兵团和中央驻疆企业的水资源管理协调机构,强化水资源统一管理。

(2)实施流域机构内部水行政管理机构、专业性事业机构与企业分离的运行机制。行政管理机构由国家财政拨款,防汛等事业机构分别由防汛经费等事业经费开支。企业单位经费由生产经营收入支付,自负盈亏。企业单位承担的防洪工程维护运行费用,由财政拨款或在上缴税金中扣除,或先缴后退。行政管理机构及事业机构年度经费计划由自治区财政主管部门核拨。

(3)流域机构可以组建流域水资源开发集团(或公司,下同),作为经济实体和独立法人,负责流域内重大水资源综合利用工程的建设、管理和运行。流域水资源开发集团统一负责开发经营和管理运行流域内的中央项目的水利枢纽,按现代企业制度经营管理。

结合"西电东送"和水电体制改革,研究建立流域内已建、在建和拟建综合利用水利枢纽与水电厂一体化管理体制和运行机制,实行流域水力资源的梯级开发。

7.1.3   进一步完善塔里木河流域管理局的流域管理

随着流域综合治理的不断深入,针对出现的新问题,需要不断完善流域管理机构,适应流域统一管理体制和运行机制的要求。

为适应新型流域管理体制,参照黄河水利委员会的机构设置,进一步完善塔里木河流域管理局内设机构,加强流域管理机构自身建设,以满足流域统一管理的需要。塔里木河流域管理局应增设以下相关职能部门:

(1)塔里木河流域水利公安处。该部门隶属自治区公安厅,派驻在塔里木河流域管理局,涉及治安、刑事等执法方面的工作受自治区公安厅领导;涉及塔里木河流域河道、水事方面的业务工作接受塔里木河流域管理局及相关部门的指导。

(2)塔里木河流域管理局水土保持管理处。主要负责河道管理和保护范围内的水土保持方案审批,负责收取水土流失防治费和水土保持补偿费。

(3)塔里木河流域管理局生产经营处(水产处)。主要负责所辖流域范围内水利产业的开发、水产养殖等生产经营以及濒危鱼种的保护等工作。

(4)塔里木河流域水利科学研究院。主要承担塔里木河流域水利科学研究、生态环境保护、灌排试验、水盐监测等工作。

(5)塔里木河流域水利勘测设计研究院。主要承担水利规划、水利工程前期设计等工作,为流域水资源管理提供技术支撑。

(6)塔里木河流域水文水资源勘测局。整合现状塔里木河流域各地水文水资源勘测局,主要负责流域内水文监测分析工作,为流域管理提供水文水资源基础服务。

7.1.4　塔里木河流域水资源管理体制中长期构想

7.1.4.1　将塔里木河流域的其他五条源流纳入流域统一管理范围

塔里木河流域是环塔里木盆地的阿克苏河、喀什噶尔河、叶尔羌河、和田河、开都—孔雀河、迪那河、渭干—库车河、克里雅河和车尔臣河等九大水系144条河流的总称。近期方案中只是将目前与塔里木河干流有地表水联系的和田河、叶尔羌河、阿克苏河和开都—孔雀河纳入管理的范围。"四源一干"流域面积只占流域总面积的25.4%,多年平均年径流量也只占流域年径流总量的64.4%,只对"四源一干"管理并不能称为真正意义上的全流域管理。由于地处干旱荒漠区,这五大水系的生态环境变化会对整个塔里木河流域的生态环境产生直接影响,因此在中远期的方案中,要将这五大水系纳入流域水资源统一管理。管理可以逐步深入,逐步由无管理到用水监督管理再向水资源统一管理转变,尽可能地通过工程和非工程措施,恢复各水系地表水与塔里木河干流的直接联系,实现流域水资源科学利用,发挥其最大效益,尽可能满足流域生产、生活、生态各方面的需求,最终实现塔里木河全流域和谐发展。

7.1.4.2　将塔里木河流域纳入国家大江大河治理计划

塔里木河流域位于祖国的西北边陲,流域内不仅有地方各部门,还有计划单列的兵团师以及塔里木油田等大型驻疆企业,水资源管理协调十分复杂。另外,塔里木河流域虽然从地理上看是一条区内河流,从水土流失的角度看不涉及其他省(区),但塔里木河流域存在的问题是风沙和沙尘暴问题,这不仅影响新疆,而且波及西北地区乃至华北甚至境外。塔里木河流域问题不仅是我国西北重大的生态环境问题,还关系到新疆众多少数民族生活地区的可持续发展、民族感情以及边疆的国防安全和社会稳定问题。根据国内外塔里木河流域水资源管理的经验,塔里木河流域水资源管理不是一个单项工程,而是关系到多种学科、多部门的系统科学,再加上塔里木河流域点多线长面广,自然环境恶劣,干旱少雨,又为少数民族聚居地,经济落后,为了能够有效协调各方之间的用水矛盾,引进大量的优秀人才、先进的管理经验和资金支持,使流域水资源的管理协调能够达到统一。建议国务院把塔里木河列入国家大江大河治理计划并进行治理,这样将会给流域的发展带来前所未有的发展机遇。不管是资金、技术、人才,还是信息化管理、流域管理等,都会与国内外流域水资源管理及时接轨,造福塔里木河流域人民,让这条新疆人民的"母亲河"继续对新疆的经济发展和民族繁荣起到滋养作用,确保塔里木河流域的生态环境安全与可持续发展,并减少东亚北部的风沙源。

7.2 推进流域水法规体系建设

进一步推进流域水法规体系建设,为流域水资源管理提供法律保障;完善流域水政执法机构,建立水利公安机构,维护流域正常的水事秩序。

7.2.1 健全和完善流域水法规体系

为适应新体制下的塔里木河流域管理机构管理的需求,应尽快修订《新疆维吾尔自治区塔里木河流域水资源管理条例》、《塔里木河流域水量调度管理办法》等,配套完善塔里木河流域综合管理法律法规体系,为实现流域经济社会全面、协调、可持续发展提供法律保障。通过修订《新疆维吾尔自治区塔里木河流域水资源管理条例》,以强化流域水资源统一管理为主线,以流域内水资源实行流域管理与行政区域管理相结合、行政区域管理服从流域管理的管理体制为基础,以实行最严格水资源管理制度为核心,依据自治区关于塔里木河流域水资源管理体制改革的决定和四源流管理机构移交工作的批复文件精神,明确不同性质、级别水管部门的事权,重点对水资源配置、地下水管理、禁止开荒、水量调度、河道管理等内容进行修订和完善。2002 年自治区颁发了《塔里木河流域水量统一调度管理办法》(新政办发〔2002〕96号)。2011 年塔里木河流域水资源管理新体制建立,原水量调度管理办法与塔里木河流域管理体制已不适应,主要体现在:第一,塔里木河流域管理局调度管理范围扩大,原水量调度管理办法中只规定塔里木河干流河道的水量调度工作由塔里木河流域管理局直接负责,与流域管理新体制不配套。第二,随着经济社会的快速发展,流域生活、生产和生态环境用水呈增长趋势,水供需矛盾十分突出,水量调度管理出现了一系列新问题,如在源流建设水电站,其下泄水过程与农业用水需水过程矛盾日益显现。第三,近些年来流域内超限额用水、挤占生态水的事件时有发生,用水秩序需进一步规范。第四,原管理办法可操作性差。因此,需要修订《塔里木河流域水量调度管理办法》。

7.2.2 建立和完善塔里木河流域水政执法机构

塔里木河流域水利管理体制改革刚完成,塔里木河流域管理局所属单位体制改革前,有的虽有水政监察队伍,但力量薄弱,一些单位甚至没有水政监察队伍,因而现行塔里木河流域水政执法体系对上无法执行和完成自治区水政监察总队布置的任务,对下不能很好地履行水政执法工作。

塔里木河流域管理局各项工作顺利开展,许多方面已走在了全国的前面。如果没有强有力的水政监察队伍的保驾护航,塔里木河流域水利事业将受到重大影响。在提倡"从工程水利向资源水利,从传统水利向现代水利、可持续发展水利转变"的今天,依法治水、依法管水是水资源实现可持续利用的根本保证,也是水利事业可持续发展的根本保证。应建立行为规范、运转协调、公正透明、廉洁高效的流域与区域相结合的水政执法体制。确定相应的管理方式,合理界定流域管理机构和地方水行政主管部门及相关执法部门之间的水政执法权限,在明晰事权基础上各司其职、各负其责,在重大水事案件中实施联合执法。进一步强化流域管理机构的水行政管理职能和执法权限,组建一支强有力的塔里木河流域水政监察队伍势在必行,迫在眉睫。

为此,建议在塔里木河流域设置三级专职水政执法机构。即在塔里木河流域管理局成立塔里木河流域水政监察总队;在塔里木河流域开都—孔雀河管理局、阿克苏河管理局、和田河管理局、干流管理局、希尼尔水库管理局和下坂地建管局等单位分别成立水政监察支队。同时,根据各水政监察支队的管辖范围等具体情况,在支队下设若干个水政监察大队。水政监察队伍参照公务员管理,工作经费全部纳入自治区财政预算。具体机构设置见图7-1。

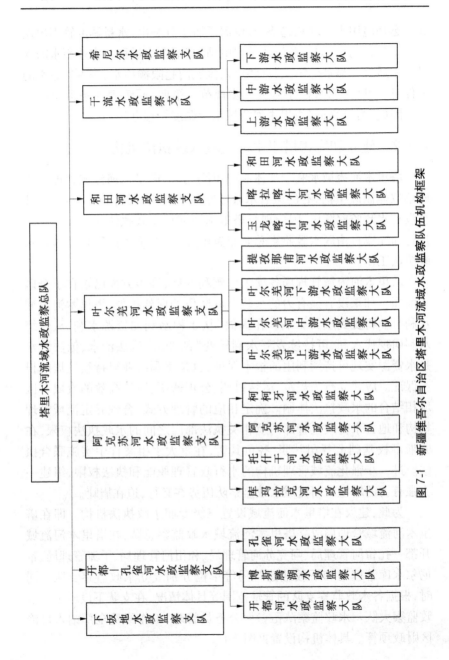

图7-1　新疆维吾尔自治区塔里木河流域水政监察队伍机构框架

塔里木河流域水政监察队伍的主要职责是：

（1）宣传贯彻《中华人民共和国水法》、《中华人民共和国防洪法》、《新疆维吾尔自治区塔里木河流域水资源管理条例》等水法规。

（2）保护塔里木河流域水资源、水域、水工程、水土保持生态环境、防汛抗旱和水文监测等有关设施。

（3）对塔里木河流域内的水事活动进行监督检查，维护正常的水事秩序。对公民、法人或其他组织违反水法规的行为实施行政处罚或者采取其他行政措施。

（4）对水政监察人员进行培训、考核；对下级水政监察队伍进行指导和监督。

（5）受水政执法机关委托，办理行政许可和征收行政事业性规费等有关事宜。

（6）对流域内县市之间、地方与兵团之间的水事纠纷进行调查处理。

（7）配合、协助公安和司法部门查处水事治安与刑事案件。

新疆维吾尔自治区塔里木河流域水政监察总队的主要职责任务：根据国家和自治区有关法律、法规和政策，受委托负责塔里木河流域内的水政执法监督检查工作。

各水政监察支队的主要职责任务：根据国家和自治区有关法律、法规和政策，受委托负责管辖范围内的水政执法工作。

7.2.3　成立塔里木河流域水利公安机构

2011年塔里木河流域水资源管理体制改革以来，塔里木河流域管理局及移交后的各源流管理机构上下联动，大力开展取水许可和水政执法工作，水资源统一管理力度明显加强，呈现出全流域农业增产增收，生产、生态供水双赢的良好局面。但随着流域内重点水利枢纽工程、防洪工程、河道工程的相继投入使用，"三条红线"措施逐步落实，流域水资源统一管理日益加大，在河道管理范围内非法开荒、架线、架泵、打井、挖渠、建房、建堤、堵坝以及破坏水利设施、聚众强行开闸引水、聚众围攻水政执法人员、威胁殴打阻碍水政执法人员执行公务等案件时有发生。有些案件危害很大并已触犯刑律,仅依靠目前有限的水政监察人员根本无法有效查处违反水法规案(事)件、制止违法行为、保护水利设施、维护水法尊严。加之塔里木河流域水利工程具有线长、点多、偏僻的特点,地方公安机关因警力不足,处置水事治安案件的任务和面临的困难十分艰巨,设立塔里木河流域水利公安机构十分必要和迫切。

7.2.3.1　其他流域或地区成立水利公安机构的经验

水利公安机构建立的原因是违法水事活动的增多和水政执法的困难。我国已在黄河流域的山西省、河南省、山东省,海河流域的辽宁省设立了水利公安机构,保障了当地的水资源水事秩序与当地治安的稳定。

1. 黄河流域

黄河水利公安队伍自 20 世纪 80 年代初成立至今,已历经 30 多年的风雨和波折。目前在山东、河南等省的黄河流域沿线各城市、县区建有黄河派出所。

黄河水利公安在国家体制改革过程中曾一度被撤销,然而随着沿黄经济社会的快速发展,保障黄河防洪和水资源安全的任务越来越重,责任越来越大。而黄河防洪工程及其附属设施遭到破坏、扰乱黄河正常水事秩序、殴打水政执法人员等违法行为时有发生,黄河水利执法队伍已不能满足执法需要。为此,黄河水利委员会于 2009 年提出"恢复黄河水利公安设置,为水政执法提供有力支持和保障的意见"并得到沿黄有关省政府的批复,建立了黄河水利公安执法队伍。实践表明,黄河水利公安为有效维护黄河水事秩序、确保黄河防洪安全和水资源安全提供了支撑与保障,为沿黄经济社会发展做出了很大的贡献。

黄河水利公安的职责范围与地方公安有所不同。黄河水利公安有自己的工作特点,其职责范围一般包括:负责贯彻、落实水利法律法规和各项规章制度;依法查处破坏黄河工程的治安案件,依法查处干扰和破坏黄河工程建设的治安案件,维护辖区内正常的黄河水事秩序,保护黄河工程附属设施的安全;配合黄河水政监察部门依法查处水事违法案件;加强和地方公安联系,准确掌握本辖区治安动态,开展综合治理活动;加强工程巡查,协助做好护林防火、防盗和清障工作;加强法律法规和治安条例宣传,提高沿黄群众的法制意识等。

河务局管理的范围就是黄河派出所的管理范围。如堤防、险工、涵闸、河道控导等工程,以及各种工程标志标牌、通信、观测、防护等设施;黄河沿岸依法划定的护堤地、工程保护地、防汛仓库和防汛石料;所辖河道内的水域、滩地,以及管理范围内的其他范畴等。职责和管理范围一旦确定,执法工作就重点明确,有的放矢。

(1)山东省。回顾山东黄河公安的历史,历经了三个阶段。第一个阶段是初建阶段。20世纪80年代初由省公安厅、编委、水利厅、林业厅、河务局联合发文成立各黄河派出所。民警编制暂列河务部门,经费由河务部门承担,公安业务由县公安局承担。黄河派出所的成立为维护黄河治安秩序的稳定和工程设施的安全做出了突出贡献。第二个阶段是警衔制实施后。90年代初黄河水政监察队伍成立,黄河派出所在黄河内部归水政管理。由于黄河公安队伍没有纳入公安序列,黄河公安民警没有评授警衔。一直到1999年,黄河派出所虽没有授衔,但仍有执法权。1999年后,山东黄河公安队伍就没有执法权了。第三个阶段是水管体制改革后。2005年黄河水管体制改革后,在没有执法权、治安任务又非常繁重的情况下,河务局积极与县公安局协调,由县公安局派两名警察协助开展工作,保持了工作的连续性,正常的公安业务没有间断。

重新组建后的黄河派出所组织结构及人员配置如下:由县公安局下文任命公安局派出的一名同志任所长,河务局派出的一名同志任指导员,报地方组织部备案,实行公安、河务双层领导。派出所基础建设和公用经费、业务装备经费等由河务部门承担。

(2)河南省。2009年,为进一步加强河南黄河执法力量,促进黄河公安派出所建设,切实维护黄河水事秩序,确保黄河防洪安全,河南河务局认真贯彻落实关于建立河南黄河水利公安队伍的批示精神,明确水政处具体负责,与河南省公安厅对接,组织开展黄河派出所建设工作。河南省公安厅以豫公政〔2009〕153号文向沿黄各市公安局下发了《关于筹建黄河沿线治安派出所的通知》,确定在河南沿黄设置21个治安派出所。

2. 海河流域的辽宁省

为提高水行政综合执法效能,辽宁省水利厅积极争取省政府主要领导和省公安厅的支持,于 2012 年 3 月由省编委批复设立了省公安厅江河流域公安局,为正处级建制,省公安厅直属机构,实行省公安厅和省水利厅双重领导、以省公安厅领导为主的体制,核定执法专项编制 25 名。目前,省江河流域公安局已组建完成并与省水利厅合署办公,且近期配合省水政监察机构参与了多起水事案件的查处,收到了较好的效果,极大地提高了水行政执法的威慑力和执行力。

3. 各地水利公安的启示

(1)水利公安是维护流域水事秩序、水资源安全,推动地方经济稳定发展的重要保障。由黄河水利公安历经建立、撤销又重新组建的过程,以及其他流域地区也开始成立水利公安机构的实践可以看出,组建水利公安是解决水事纠纷、查处水事违法案件、保障水行政工作执行、促进水资源管理的有效途径。

(2)水利公安队伍只有纳入公安系统编制,才具有执法能力。山东省水利公安建立以来的三个阶段表明,水利公安只有由公安部门成立,并纳入公安系统编制,才具有执法权,才能有效地查处水事案件,保障水行政执法的顺利开展。

7.2.3.2　塔里木河流域水利公安机构建议方案

借鉴黄河水利委员会和辽宁省水利厅水利公安机构设置与运行经验,结合塔里木河流域实际,提出构建塔里木河流域水利公安机构的建议。

建议设立自治区公安厅塔里木河流域公安局,下设 6 个流域派出所,18 个警务室。核定处级领导职数 4 名,科级领导职数 12 名,公安编制 45 名。具体组建方案如下。

1. 自治区公安厅塔里木河流域公安局

自治区公安厅塔里木河流域公安局为自治区公安厅的直属机构,受自治区公安厅和自治区塔里木河流域管理局双重领导,以公安厅领导为主。机构规格相当于县(处)级。

同时,由自治区公安厅、自治区高级人民法院、自治区人民检察院联合下发明确自治区公安厅塔里木河流域公安局办理刑事案件批捕、起诉、审判管辖权的相关文件,以正式文件形式划分塔里木河流域水利公安机构和地方公安机构在办理刑事案件中涉及批捕、起诉、审判的管辖权限。

自治区公安厅塔里木河流域公安局主要职责如下:

(1)预防、制止和侦查塔里木河流域管理范围内以暴力、威胁方法阻碍水行政执法人员执行公务以及在水事纠纷发生和处理中煽动群众暴力抗拒法律、行政法规实施和非法限制他人人身自由的犯罪活动。

(2)维护塔里木河流域范围内重点水利设施安全,依法保护和查处破坏塔里木河源流、干流区水利工程和塔里木河流域重点水利工程的各类治安和刑事案件。

(3)负责查处塔里木河流域范围内违反法律法规的涉水治安案件,保护水利设施、维护水法律法规尊严。依法查处违反水法律法规案件。

(4)负责查处和打击塔里木河流域内侵占、毁坏、盗窃、抢夺水利设施以及挪用救灾、防汛、抢险物资和决堤、投毒等破坏河流、水源等其他方面的刑事犯罪活动。

(5)在塔里木河流域范围内,广泛深入地宣传法律法规,维护法律、行政法规的执行,保障水行政执法工作的正常进行。

(6)监督管理塔里木河流域水量调度及其他信息网络的安全。

(7)承办自治区公安厅和自治区塔里木河流域管理局交办的其他工作。

人员编制、领导职数和经费形式:建议核定塔里木河流域公安局公安编制15名,实行公务员管理;核定处级领导职数4名,设局长1名(兼任塔里木河流域水政监察分队政委),政委1名(由塔里木河流域水政监察分队队长兼任),副局长2名。

塔里木河流域公安局的公用经费、业务装备经费和基础设施建设经费等由塔里木河流域管理局提供保障,警员的人员经费由自治区公安厅提供保障。

2. 塔里木河流域公安局直属派出所

塔里木河流域各派出所受公安机关和塔里木河流域管理机构的双重领导，以公安机关领导为主，涉及治安、刑事等执法方面的工作受上级公安机关领导，必要时由上级公安机关统一调遣；涉及塔里木河流域水资源管理方面的工作接受塔里木河流域管理机构的指导。

(1) 塔里木河流域公安局下坂地派出所。

主要职责任务：依法查处干扰和破坏下坂地水利枢纽工程建设管理局水利工程管理与工程建设的治安案件；依法维护下坂地建管局管理范围内正常的水事秩序；依法保护工程建设及管理人员正常执行公务活动；配合下坂地水利枢纽工程建设管理局水政监察部门依法查处水事违法活动；依法履行下坂地派出所的其他职能。

机构规格相当于乡（科）级，下设2个警务室（下坂地电厂警务室、下坂地水库警务室），核定公安编制5名，领导职数2名。公用经费、业务装备经费和基础设施建设经费等由下坂地水利枢纽工程建设管理局提供保障，派出所正式民警的人员经费由自治区公安厅提供保障。

(2) 塔里木河流域公安局开都—孔雀河流域派出所。

主要职责任务：依法查处干扰和破坏开都—孔雀河流域水利工程管理和工程建设的治安案件；依法维护开都—孔雀河流域的正常水事秩序；依法保护工程建设及管理人员正常执行公务活动；配合塔里木河流域巴音郭楞管理局水政监察部门依法查处水事违法活动；依法履行开都—孔雀河流域派出所的其他职能。

机构规格相当乡（科）级，下设4个警务室（孔雀河警务室、博斯腾湖警务室、孔雀河警务室、希尼尔水库警务室），核定公安编制5名，领导职数2名。公用经费、业务装备经费和基础设施建设经费等由塔里木河流域巴音郭楞管理局提供保障，派出所正式民警的人员经费由自治区公安厅提供保障。

(3) 塔里木河流域公安局阿克苏河流域派出所。

主要职责任务：依法查处干扰和破坏阿克苏河流域水利工程管理与工程建设的治安案件；依法维护阿克苏河流域的正常水事秩序；依法保护工程建设及管理人员正常执行公务活动；配合塔里木河流域阿克

苏管理局水政监察部门依法查处水事违法活动;依法履行阿克苏河流域派出所的其他职能。

机构规格相当乡(科)级,下设 3 个警务室(托什干河警务室、库玛拉克河警务室、阿克苏河警务室),核定公安编制 5 名,领导职数 2 名。公用经费、业务装备经费和基础设施建设经费等由塔里木河流域阿克苏管理局提供保障,派出所正式民警的人员经费由自治区公安厅提供保障。

(4)塔里木河流域公安局叶尔羌河流域派出所。

主要职责任务:依法查处干扰和破坏叶尔羌河流域水利工程管理与工程建设的治安案件;依法维护叶尔羌河流域的正常水事秩序;依法保护工程建设及管理人员正常执行公务活动;配合塔里木河流域喀什管理局水政监察部门依法查处水事违法活动;依法履行叶尔羌河流域派出所的其他职能。

机构规格相当乡(科)级,下设 3 个警务室(叶尔羌河警务室、中游渠首警务室、提孜那甫河警务室),核定公安编制 5 名,领导职数 2 名。公用经费、业务装备经费和基础设施建设经费等由塔里木河流域喀什管理局提供保障,派出所正式民警的人员经费由自治区公安厅提供保障。

(5)塔里木河流域公安局和田河流域派出所。

主要职责任务:依法查处干扰和破坏和田河流域水利工程管理与工程建设的治安案件;依法维护和田河流域的正常水事秩序;依法保护工程建设及管理人员正常执行公务活动;配合塔里木河流域和田管理局水政监察部门依法查处水事违法活动;依法履行和田河流域派出所的其他职能。

机构规格相当乡(科)级,下设 3 个警务室(玉龙喀什河警务室、喀拉喀什河警务室、和田河警务室),核定公安编制 5 名,领导职数 2 名。公用经费、业务装备经费和基础设施建设经费等由塔里木河流域和田管理局提供保障,派出所正式民警的人员经费由自治区公安厅提供保障。

(6)塔里木河流域公安局塔里木河干流派出所。

主要职责任务:依法查处干扰和破坏塔里木河干流水利工程管理与工程建设的治安案件;依法维护塔里木河干流的正常水事秩序;依法保护工程建设及管理人员正常执行公务活动;配合塔里木河流域干流管理局水政监察部门依法查处水事违法活动;依法履行塔里木河干流派出所的其他职能。

机构规格相当乡(科)级,下设 3 个警务室(干流上游警务室、干流中游警务室、干流下游警务室),核定公安编制 5 名,领导职数 2 名。公用经费、业务装备经费和基础设施建设经费等由塔里木河流域干流管理局提供保障,派出所正式民警的人员经费由自治区公安厅提供保障。

塔里木河流域水利公安机构框图如图 7-2 所示。

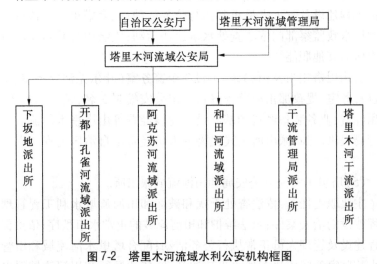

图 7-2　塔里木河流域水利公安机构框图

7.3　加强流域规划管理

流域综合规划既是全流域水资源保护和开发建设的纲领性文件,又是规范流域水事活动、实施流域管理与水资源管理的基本依据。在塔里木河流域开发、利用、节约、保护、管理水资源和防治水害,应当服从统一的流域规划和区域规划。源流和干流流域规划应当服从塔里木河流域综合规划,区域规划应当服从流域规划,专业规划应当服从流域综合规划。流域内各地(州)、兵团各师的国民经济和社会发展规划以及城市总体规划、土地开发利用规划等应当与塔里木河流域综合规划相互衔接。

塔里木河流域综合规划和依法应当由水行政主管部门编制的流域专业规划,由塔里木河流域管理局会同自治区有关部门和流域内各地(州)人民政府、兵团各师编制,自治区水行政主管部门组织审查,经塔里木河流域水利委员会审核后,报国务院审批。

为了加强流域规划管理,建议按以下要求执行:

(1)在塔里木河干流和重要源流上建设水工程,其工程项目建议书或者可行性研究报告报批前,由塔里木河流域管理机构按照权限对水工程的建设是否符合流域综合规划进行审查并签署意见。

在流域内其他河流上建设大中型水工程,其工程项目建议书或者工程可行性研究报告报批前,由塔里木河流域管理机构对水工程的建设是否符合流域综合规划进行审查,报自治区水行政部门审批,按有关规定报批。

(2)在塔里木河干流和重要源流上建设水工程,其工程项目建议书、可行性研究报告经塔里木河流域管理机构审查后,按有关规定报批。

在流域内其他河流上建设水工程,其工程项目建议书、可行性研究报告按照规定报相关水行政主管部门或者流域管理机构审查或者审批。

(3)使用国家、自治区安排的塔里木河流域水利建设项目资金的,应当向塔里木河流域管理机构提出申请,并附项目批准文件等有关资料,经塔里木河流域管理机构审查后,报自治区水行政主管部门审批,按规定程序报批。

塔里木河流域水利建设项目资金的使用、管理按照国家和自治区有关规定执行,依法接受审计监督。

(4)塔里木河干流和重要源流流域的水功能区划,由塔里木河流域管理机构会同有关地(州)水行政主管部门、环境保护行政主管部门和其他有关部门拟定,经自治区水行政主管部门会同同级环境保护行政主管部门审核后,报自治区人民政府或其授权的部门审批。

流域内其他河流流域的水功能区划由有管辖权的地(州)、县(市)水行政主管部门会同同级环境保护行政主管部门和有关部门编制,经塔里木河流域管理机构审核后,报自治区水行政主管部门审批。

(5)在塔里木河干流和重要源流上从事可能造成水土流失的涉河项目,生产建设单位应当编制水土保持方案,报塔里木河流域管理机构审查,按有关规定报批。

在流域内其他河流上的,报流域有管辖权的水行政主管部门审批。

7.4 水量调度管理

为加强塔里木河流域水量统一调度管理,实现水资源开发可持续、生态环境可持续,需要通过制定流域水量统一调度管理办法,控制用水需求过快增长,统筹生活、生产和生态用水,协调流域与区域供水矛盾,加强科学管水,维护流域用水秩序。

7.4.1 进一步严格水量调度管理制度

塔里木河流域管理局根据批准的水量分配方案,制订年度水量分配方案和调度计划,经自治区水行政主管部门组织审查后,报塔里木河流域水利委员会审批。各单位应严格落实批准的年度水量分配方案。流域水量实时调度采取年计划、月调节、旬调度的方式,按照多退少补、滚动修正的原则,逐旬结算水账,调整计划,下达调度指令。由于流域涉及的用水单位较多,加上局属单位水管人员数量有限,工作量大,及时收集和分析水量调度执行情况存在一定的困难。为了使流域水量调度的顺利开展,各水管人员要克服一切困难,按照水量调度管理制度要求,积极开展工作。水量调度的及时性、科学性关系到各用水户的切身利益和经济社会的发展,要通过科学的水量调度,统筹生产、生活、生态之间的用水,缓解矛盾,使其利益最大化。

7.4.2　进一步强化水量调度的手段

流域已初步建成了塔里木河流域水量调度管理系统,建立了信息化基础平台,实现了 28 个水文站点水情的实时传输和塔里木河干流下游生态监测数据的自动采集及传输,同时,对 4 个重要的水利控制枢纽进行了远程监视和控制,强化了实时水量调度手段。目前,流域"四源一干"范围内 13 座重点水工程水量调度远程监控系统项目已全面开工建设,对流域内水资源的统一管理和水量调度工作起到了监督与调控能力。但是,塔里木河流域管理局对流域内部分重点工程没有管理权,只有调度管理权,水量调度工作在执行过程中存在一些问题,需进一步强化水量调度的手段,增加流域内重要控制断面及水利控制枢纽的远程监视和控制,以及结合新体制,进一步完善水量调度管理系统。

7.5　水资源保护管理

按照自治区确定的各河流水功能区划中水质目标的要求,核定塔里木河流域的水域纳污能力,制订流域水功能区纳污和限制排污总量方案,并监督实施。严格落实水功能区管理的各项制度,开展入河排污口整治和规范化管理工作,严格流域内排污口设置许可制度。

7.5.1　规范水功能区划审批

塔里木河流域管理局所辖流域管理范围内的水功能区划,由塔里木河流域管理局会同有关地(州)水行政主管部门、环境保护行政主管部门和其他有关部门拟定,经自治区水行政主管部门会同同级环境保护行政主管部门审核后,报自治区人民政府或其授权的部门审批。

流域内其他河流流域的水功能区划由有管辖权的地(州)、县(市)水行政主管部门会同同级环境保护行政主管部门和有关部门编制,经塔里木河流域管理局审核后,报自治区水行政主管部门审批。

7.5.2　加强水功能区保护

在塔里木河流域从事生产建设和其他开发利用活动的,应当符合批准的水功能区保护要求,塔里木河流域管理局负责所辖流域管理范围内的监督检查;在流域内其他河流流域从事此类活动的,由流域管理机构或有管辖权的水行政主管部门监督检查。

7.5.3　严格限制纳污

塔里木河流域管理局对所辖流域管理范围内的水功能区划的水污染物排放情况进行监督检查。进一步加强流域水功能区的监督和管理,定期、不定期地前往源流山区进行监督检查,查看各选矿厂生产情况及尾矿库使用、安全状况等。

7.5.4　规范排污口设置

向塔里木河流域排水或退水,应当符合水功能区划要求和规定的排放标准。在塔里木河流域管理局所辖流域管理范围内新建、改建或扩建排污口,应当经塔里木河流域管理局审查同意;在流域内其他河流新建、改建或扩建排污口,应当经流域管理机构或有管辖权的水行政主管部门审查同意;经审查同意设置排污口的,由环境保护行政主管部门负责对该建设项目的环境影响报告书进行审批。

7.5.5　加强水质监测

水文部门负责流域管辖范围内的河流、湖泊、水库及跨流域调水的水量和水质监测工作。

塔里木河流域管理局应投入人力、财力开展水环境监测,对主要节点实施水质的监测,形成水质监控体系,建立水质分析机构,认真记录监测水质的系列资料,分析水质的变化趋势。

7.5.6　在流域内严格排污审批程序

在塔里木河流域新建、改建或者扩建排污口,应当经塔里木河流域管理局审查同意。经审查同意,新建、改建或者扩大排污口的,由环境保护行政管理部门负责对该建设项目的环境影响报告书进行审批。凡向塔里木河流域河道农业排水或者退水的,均应当符合水功能区划要求和规定的排放标准。

7.5.7　依据法律法规实行排污许可制度

本着"谁污染、谁治理"的原则,对于发放塔里木河排污许可证的排水渠实行排污费征收制度,并纳入年度管理计划。排污费的具体征收标准可参照国家颁布的《排污费征收使用管理条例》执行。未获得排污许可证的单位或个人,不得向河道排污;否则,实行必要的行政处罚或排污费加倍征收制度。对区域水环境保护落实不到位的区域进行限水或实行排污费加倍征收制度。

7.6　地下水管理

地表水和地下水是相互依存、相互制约、不可分割的水资源整体。地表水直观、集中,地下水隐蔽、分散。要实行最严格的水资源管理,实现用水总量控制,就必须实行"两水"统一管理。目前,新疆的地下水资源开发利用已经处于失控状态。为切实加强地下水资源管理,合理开发利用和保护地下水资源,建议自治区尽快修订完善《新疆维吾尔自治区地下水资源管理条例》,并进一步完善各项制度。

(1)流域管理机构是各流域水资源总量控制(包括地下水和地表水)的一级执行者,管不住地下水,用水总量控制就无法落实。因此,各地(州)、县(市)(包括兵团)的地下水资源管理权全部上收自治区后,自治区人民政府水行政主管部门将授权流域管理机构进行统一管理,不再由各级人民政府水行政主管部门分级管理。

(2)塔里木河流域管理局将负责塔里木河流域的地下水取水许可、凿井许可等审批管理,征收水资源费,并负责日常监督管理工作。取水许可证和凿井许可证等的发放均实行"一井一证"。

(3)由于地下水具有隐蔽、分散的特点,必须对流域内的地下水开发利用情况实现智能卡计量管理。同时,逐步建立遍布流域的地下水资源动态监测站网和自动测报系统,实时监控地下水的动态变化和地下水机井的开采及运行状况。

(4)为有效加强地下水资源开发利用情况的监督和管理,应制定奖罚机制,对举报违法开采地下水、破坏污染地下水行为的举报人员实行经济奖励。同时,对违法开采地下水、破坏污染地下水的从严从重进行处罚。

7.7　水能资源管理

流域水能资源至今仍"锁定"在无偿使用或低价使用的制度"轨道"中,大量优质水能资源无偿划拨给少数国有电力企业垄断开发使用。水能资源是水资源不可分割的重要组成部分。水能资源管理是实现水资源综合效益的重要内容。近年来,随着流域经济社会的快速发展,电力需求大幅增长,水能资源开发热潮兴起。但在开发利用中,有法规不按法规、有规划不依规划的无序开发现象十分突出,其后果是工程的综合效益不能发挥,而效益一家独享也影响社会和谐发展,发电与农业灌溉、防洪、生态之间的矛盾日益凸显。

在水能资源管理方面应做好以下工作:

(1)加强流域山区控制性水利工程的建设和管理。研究制定水能资源规范管理的制度,强化水资源规划权威,实行规划优先,电调服从水调。

(2)积极探索适合流域水能资源开发管理的新模式,制定《塔里木河流域水能资源开发利用管理办法》。既要为企业投资水利水电开发创造条件,做好服务,也要正确处理防洪、供水、生态与发电的关系,正确协调好社会效益、生态效益与经济效益的关系,引导经济开发与水资源和水环境承载能力相适应,确保工程建设和运行管理符合国家利益与流域水资源统一管理的要求。建议在制定《塔里木河流域水能资源开发利用管理办法》时,条款中必须有以下内容:

①第一种开发形式,由企业(一个或几个、国营或民营)投资水能

资源开发利用工程的建设及运行管理。在项目前期设计文件中和立项审批时要明确:一是必须在工程管理运行机构中设立隶属于流域管理机构管理的水资源调度运行管理机构,确定编制和人员,水资源调度运行管理机构负责人应进入项目建设及运行管理机构的领导班子;合理安排其管理用地、办公面积等相应管理设施,并将其投资列入工程总投资中;明确其运行管理经费的解决途径。二是必须按照流域规划和流域管理机构明确的技术标准建设水资源调度管理远程监控系统,并将其纳入流域管理机构的统一管理体系中,水量调度系统最高控制指令权在流域管理机构,并将其建设投资列入工程总投资中。三是必须到水行政主管部门或经授权的流域管理机构申请办理水能资源开发利用权审批、取水许可审批、涉河建设许可审批、开工报告批复等相关手续。四是工程建成运行后必须向水行政主管部门或经授权的流域管理机构缴纳水资源费和水费等规费。

②第二种开发形式,由流域管理机构与企业(一个或几个、国营或民营)联合投资水能资源开发利用工程的建设及运行管理。在前期立项阶段,由流域管理机构申请立项,争取国家对工程公益性部分的投资。项目批准后,流域管理机构代表国家出资人负责公益性工程(水库)的建设和运行管理,是公益性工程的法人;企业负责投资经营性工程(电站)的建设和运行管理,为经营性工程的法人。双方按照公益性和经营性工程初始投资分摊比例或效益分摊比例计算,划清两大部分投资额度,并按照划清的投资额度进行各自的建设和运行管理,形成相对独立的联合体。项目建设必须到水行政主管部门或经授权的流域管理机构申请办理水能资源开发利用权审批、取水许可审批、涉河建设许可审批、开工报告批复等相关手续。工程建成运行后,投资经营性工程的企业必须向水行政主管部门或经授权的流域管理机构缴纳水资源费和水费等规费。

③第三种开发形式,由流域管理机构代表政府独立投资水能资源开发利用工程的建设及运行管理。流域管理机构组建直属机构作为项目法人负责项目的立项、报批、建设和运行管理,例如塔里木河流域的下坂地水利枢纽工程。项目建设必须申请办理水能资源开发利用权审

批、取水许可审批、涉河建设许可审批、开工报告批复等相关手续,工程建成运行后,电厂应缴纳水资源费和水费等规费。

　　对上述三种开发形式的已建和在建水能资源开发利用工程,在制定出台管理办法时要明确:一是必须在工程管理运行机构中设立隶属于流域管理机构管理的水资源调度运行管理机构,水资源调度运行管理机构负责人应进入项目建设及运行管理机构的领导班子;二是必须按照流域规划和流域管理机构明确的技术标准建设水资源调度管理远程监控系统,并将其纳入流域管理机构的统一管理体系中,系统最高控制指令权在流域管理机构;三是补办缴纳水资源费和水费等规费的相关手续。

　　(3)在不改变水能资源所有权的前提下,在流域内建立水能资源出让金制度,按每千瓦时制定最低出让价,引入竞争机制,通过公开招标、拍卖、挂牌等方式在全社会竞标,有偿出让水能资源开发利用权。水能资源出让金主要用于该河流和流域水资源的开发、利用、保护、管理,以及环境的保护和补偿。

7.8　河道管理

7.8.1　河道管理及确权划界

　　塔里木河干流和重要源流流域的河道由塔里木河流域管理局负责管理,流域内其他河流的河道由流域管理机构或有管辖权的水行政主管部门负责管理。

　　加强河道岸线利用规划的管理,国土资源部门会同塔里木河流域管理局对塔里木河干流和重要源流流域河道确权划界,确权划界的有关费用应予以减免。

7.8.2　围垦河道

　　禁止在塔里木河流域围垦河道。确需围垦的,应当进行科学论证,由塔里木河流域管理局提出意见,经自治区水行政主管部门审查同意,报自治区人民政府审批。

7.8.3 涉河工程建设审批

在塔里木河干流和重要源流流域的河道管理与保护范围内建设桥梁、码头及其他拦河、跨河、穿河、穿堤、临河建筑物、构筑物,铺设管道、线缆等工程,应当符合国家规定的防洪标准和其他有关的技术要求,工程建设方案和洪水影响评价报告按照《中华人民共和国防洪法》的有关规定报塔里木河流域管理局审批。在流域内其他河流河道管理与保护范围内建设上述工程,报流域管理机构或有管辖权的水行政主管部门审批。

7.8.4 采砂许可

塔里木河流域实行河道采砂许可制度。

在塔里木河干流和重要源流流域的河道管理与保护范围内进行采砂等活动的,由塔里木河流域管理局审批、发放采砂许可证。在流域内其他河流河道管理和保护范围内进行采砂等活动的,由流域管理机构或有管辖权的水行政主管部门审批、发放采砂许可证。

7.8.5 水土保持

流域内从事可能造成水土流失的涉河项目,生产建设单位应当编制水土保持方案,在塔里木河干流和重要源流流域的报塔里木河流域管理局审批,在流域内其他河流的报流域管理机构或有管辖权的水行政主管部门审批。

7.8.6 加强河道管理制度建设及河道巡查

为加强河道管理,要根据《中华人民共和国水法》、《中华人民共和国河道管理条例》、《新疆维吾尔自治区河道管理条例》等法律法规的规定,结合流域特点制定河道管理一系列制度,如《河道管理巡查制度》、《河道管理执法人员岗位守则》等,同时加大河道执法检查力度,坚持常态化地开展河道执法巡查,发现问题快速查处。严格河道管理审批制度,在河道管理方面做好河道管理及水利工程的建设与运行管理。强化流域机构的职能,在维护流域内河道安全上充分发挥流域机构的管理、监督、协调、指导等作用。

7.9　工程管理

7.9.1　工程建设管理

塔里木河干流和重要源流流域上的水工程,由塔里木河流域管理局负责组织建设和管理;流域内其他水工程由建设单位负责管理,其运行应当接受塔里木河流域管理局统一调度。按照国家有关规定,工程项目建设实行项目法人责任制、招标投标制、建设监理制和合同管理制。

"四源一干"上的水利工程,由塔里木河流域管理局按有关规定和基本建设程序报批并负责建设管理;其他水利工程,由建设单位报塔里木河流域管理局审查后,按有关规定和基本建设程序报批并负责建设管理,其运行应当接受塔里木河流域管理局统一调度。涉河工程建设审批,应做到全过程管理。

塔里木河流域管理局负责组织编制塔里木河流域水利建设项目投资建议计划,统一下达国家、自治区的投资计划,依法接受审计监督。

7.9.2　流域重要控制性水利枢纽工程管理

塔里木河流域重要控制性水利枢纽工程是在塔里木河生态环境保护、水资源配置及利用、农业灌溉、防洪等方面起到综合作用的骨干水利枢纽工程。根据塔里木河流域综合规划工程总体布局,塔里木河流域"九源一干"均布置了重要控制性水利枢纽工程,详见表7-1。

表7-1 塔里木河流域"九源一干"重要控制性水利枢纽工程一览表

流域名称	河流名称	控制性水利枢纽工程	功能	说明
阿克苏河流域	库玛拉克河	大石峡水利枢纽	保护生态、灌溉、防洪、发电	拟建
	托什干河	奥依阿额孜水利枢纽	保护生态、灌溉、防洪、发电	拟建
叶尔羌河流域	叶尔羌河	康克江格尔水利枢纽	保护生态、灌溉、防洪、发电	拟建
	叶尔羌河	阿尔塔什水利枢纽	保护生态、灌溉、防洪、发电	拟建
	塔什库尔干河	下坂地水利枢纽	保护生态、灌溉、发电	已建
和田河流域	喀拉喀什河	乌鲁瓦提水利枢纽	保护生态、灌溉、防洪、发电	已建
	玉龙喀什河	玉龙喀什水利枢纽	保护生态、灌溉、防洪、发电	拟建
开都—孔雀河流域	开都河	阿仁萨很托乎亥水利枢纽	保护生态、灌溉、发电	拟建
喀什噶尔河流域	克孜河	卡拉贝利水利枢纽	保护生态、灌溉、防洪、发电	拟建
渭干河流域	渭干河	克孜尔水库	灌溉、防洪、发电	已建
迪那河流域	迪那河	五一水库	灌溉、防洪、工业供水、发电	已建
克里雅河	克里雅河	昔音水库	灌溉、防洪、发电	拟建

7.9.2.1　已建控制性水利枢纽工程

塔里木河流域已建控制性水利枢纽工程应当按照"电调服从水调"的原则,服从塔里木河流域管理局或工程所属流域机构对水量的统一调度、指挥,保证上下游生活、生产、生态基本用水流量和用水安全。

根据水量调度工作需要,塔里木河流域管理局或工程所属流域机构在已建成的控制性水利枢纽工程处建设水量调度管理站房并配备相应设施,建立水量监测断面,建设水量调度管理远程监控系统,并将其纳入塔里木河流域管理局或工程所属流域机构的统一管理体系,系统最高控制指令权属塔里木河流域管理局或工程所属流域机构。

7.9.2.2　拟建控制性水利枢纽工程

流域拟建重要控制性水利枢纽工程均是以生态保护、防洪、灌溉等公益性功能为主且具有综合利用的枢纽工程,应按照以公益性为主的水利枢纽工程的基建程序报批。

重要控制性水利枢纽工程中的水库部分,主要承担塔里木河流域生态保护、防洪、灌溉等公益性职能,由塔里木河流域管理局代表国家组建项目法人,负责生态保护、防洪、灌溉等公益性水库的建设和运行管理工作。

重要控制性水利枢纽工程中的水电站部分,具有经营性功能,建议按照"谁投资,谁收益"的原则及现代企业制度,组建发电公司,负责电厂的资金筹措、工程建设和运营管理。

7.9.3　工程运行管理

7.9.3.1　水利工程管理

塔里木河流域水利工程管理实行分级管理。流域范围内各子流域机构负责辖区内河道及水利工程管理。流域内属两个县级以上(含自治区地方、兵团、部队系统、监狱系统、大型企业)用水单位分水、输水、配水的控制性枢纽、渠首或干渠等流域性水利工程,由各子流域机构直接管理。流域内属一个用水单位受益的流域性引水渠首和渠系,可由各子流域机构委托受益单位管理,各子流域机构负责水量调度或配水工作。

对于部分流域性渠道工程和水库大坝工程,除由各子流域机构或水库管理局(处)负责日常工程检查维护外,还应加强工程监测工作,为工程运行管理提供必要的基础数据及技术资料。凡受益用水单位均按照受益比例承担相应的维护和维修任务,维护和维修资金按比例分摊。由子流域机构管理的流域性河道工程和防洪工程,按照受益比例,各受益单位应分摊完成维护和维修任务。

7.9.3.2　运行管理机构

各子流域机构是水利工程运行管理的主体,主要职责是保证责任范围内的生产运行安全、工程设备和设施的日常维护及小型维修等。要实现水利工程建设与管理的有机结合,在工程建设过程中将管理设施与主体工程同步实施。根据工程管理需要,塔里木河流域各子流域机构应设立工程管理科、财务科、综合经营科等职能部门,主要负责管辖范围内的工程管理、运行维护和综合经营管理、还本付息及资产保值增值等。

生态供水、防洪等为纯公益性职能,农业灌溉等为准公益性职能,水力发电、水产养殖等为经营性职能。各子流域管理单位应按照有关规定,将工程管理职能划分为纯公益性部分、准公益性部分和经营性部分,实行水利工程运行管理和维修养护分离。

依据《国务院办公厅转发国务院体改办关于水利工程管理体制改革实施意见的通知》(国办发〔2002〕45号),塔里木河流域"四源一干"管理局(塔里木河流域阿克苏管理局、喀什管理局、和田管理局、巴音郭楞管理局、塔里木河干流管理局)及其他自治区所属子流域机构的纯公益性部分,其编制内在职人员经费、离退休人员经费、公用经费等基本支出申请自治区财政解决,工程日常维修养护经费在水利工程维修养护岁修资金中列支;经营性部分的工程日常维修养护经费由水利工程经营公司负担。

流域各地(州)、兵团师所属水利工程的纯公益性部分,其编制内在职人员经费、离退休人员经费、公用经费等基本支出由流域各地(州)、兵团师财政解决,工程日常维修养护经费在水利工程维修养护岁修资金中列支;经营性部分的工程日常维修养护经费由水利工程经营公司负担。

水利工程经营公司定性为企业性质的水管单位,其所管理的水利工程的运行、管理和日常维修养护资金由水管单位自行筹集,财政不予补贴。水利工程经营公司要加强资金积累,提高抗风险能力,确保水利工程维修养护资金的足额到位,保证水利工程的安全运行。

7.9.3.3　工程运行管理

根据工程管理的需要,塔里木河流域各水利工程管理单位应依据《水库工程管理设计规范》(SL 106—96)、《水闸工程管理设计规范》(SL 170—96)、《堤防工程管理设计规范》(SL 171—96)、《渠道防渗工程管理技术规范》(SL 18—2004),划定工程管理范围和保护范围,做好水利工程确权划界工作,保证水利工程权属、责任明确。应严格按照水利工程确权划界的管理和保护范围进行管理,确保水利工程安全运行,保证人民生活及工农业生产供水。

根据工程调度运用的需要,塔里木河流域各水利工程管理单位应依据有关规程、规范的要求,制定工程运行管理办法,包括工程承担任务、工程位置、工程规模、调度运用原则和要求、主要技术指标、调度规则、水情预报及应急措施等;同时,还应编制各主要建筑物及附属设施和设备的运用、维修及工程监测的技术要求,使工程管理人员有章可循。各水利工程管理单位应要求工程管护人员严格按照工程运行管理办法和技术操作规程的规定,实施水利工程的操作、运行和维护,保证工程安全运行。

7.10　防汛抗旱管理

按照《新疆维吾尔自治区塔里木河流域防汛抗旱工作若干规定》等法律法规和文件,落实塔里木河流域防汛抗旱工作各级人民政府行政首长负责制;充分发挥塔里木河流域防汛抗旱协调工作领导小组职能,做好流域防汛抗旱协调、调度和监督管理工作;根据防汛抗旱工作需要,逐步完善各级防汛抗旱指挥部,明确防汛抗旱的职责、责任人和责任范围。

（1）落实防汛责任。按照《中华人民共和国防洪法》和自治区人民政府的规定，严格实行防洪行政首长负责制。落实各级人民政府、各有关部门防汛责任人及防汛责任。

（2）完善防汛组织体系。保持塔里木河流域各源流及干流现行的防汛抗旱机构及运行管理体制不变，落实流域管理单位的防汛职责，发挥流域机构的防汛协调、调度和监督管理作用，完善各地（州）防汛组织体系。

（3）编制完善防御洪水方案。组织编制各源流和干流的防御洪水方案、防御干旱方案和重点工程度汛方案，促使流域的防汛工作科学、合理、有序开展，实行流域统一调度和科学管理，充分发挥重点骨干工程的防洪作用，提高流域防洪能力。

（4）建设塔里木河防洪预报、预警和监控系统。在高速宽带计算机网络的基础上，建成一个覆盖塔里木河流域的防汛信息处理、分析系统，基本实现洪水预报、防洪预案制订、防汛会商和抢险救灾等全过程的自动化和网络化，对洪水灾害进行及时预报监测、实时监控、科学调度，为进行防汛会商、指挥抢险救灾提供决策支持，实现重点水利工程自动控制、流域水资源和洪水统一调度。

目前，塔里木河流域的防洪工程建设严重滞后，工程简陋且老化、损毁严重，防洪标准低、工程不配套，防洪减灾和应急能力较差，其原因是防洪工程建设和维护资金长期以来得不到解决和保障。为此，提出如下建议：

①根据《中华人民共和国防洪法》和《中华人民共和国河道管理条例》等有关规定，防洪工程的建设和维修养护资金应以财政投入为主，建议以自治区财政为主，各地州财政为辅，统筹安排。

②以多种方式筹集资金，解决防汛抗旱资金短缺问题。

（5）建议开征河道工程修建维护管理费。

根据《中华人民共和国防洪法》和《中华人民共和国河道管理条例》的有关规定，建议出台《河道工程修建维护管理费征收管理规定实施办法》，在防洪保护区范围内，向受益的企业、单位等征收河道工程修建维护管理费,用于防洪工程的建设、管理、维修和设施的更新改造。

(6)建议设立防洪抗旱基金。

在城建、工业、矿产开发、交通、电力等工程建设项目和工业产品价格中,提取适当比例的资金,作为防洪抗旱基金,专户储存,专款专用。

7.11　水价形成机制

7.11.1　水价组成及其作用

从塔里木河流域当前形势和发展前景来看,水资源短缺已成为制约国民经济和社会发展的重要因素。现代经济学产生于资源的稀缺性,而价格正是资源稀缺性的指示器,同时也是稀缺资源优化配置的调节杠杆。目前的水资源形势是资源性的短缺与使用上的浪费并存,流域水价低。因此,合理的水价是节水的关键。为此,建立合理的水价形成机制,不但是重中之重,而且是当务之急。

当前,对水资源价值的认识主要基于效用价值论和劳动价值论。效用价值论认为水资源的价值最终由资源的效用性和稀缺性共同决定;劳动价值论则强调以水资源所凝聚的人类劳动作为确定水资源价值的基础。自然状态下的水资源经工程措施实施蓄、引、输、调、制、配之后,其使用条件和质量均发生改变,形成了水商品。在市场经济的大背景下,水资源作为具有多种用途和多重特性的重要资源,必须实行有偿使用。

水价分为水资源费、工程水价和环境水价三个组成部分是合理的,水资源配置较好的发达国家都实行这种机制。

7.11.1.1　非市场调节的水价部分——水资源费(或称资源水价)

水资源费是体现水资源价值的价格,它包括:对水资源耗费的补偿;对水生态(如取水或调水引起的水生态变化)影响的补偿;为加强对短缺水资源的保护,促进技术开发,还应包括促进节水和保护水资源技术进步的投入。流域水资源费征收标准较低,无法充分体现水资源费对促进资源保护和合理配置的作用。由于河道管理范围内的地下水资源大多由地表水资源转换而来,因此农业地下水资源费暂停征收的相关规定(特别是针对 $20 \ hm^2$ 以上的种植大户),没有充分体现促进水资源节约、保护的作用,对今后水资源的统一管理工作带来极大困难。新疆属干旱缺水地区,水资源紧缺成为制约新疆经济发展的瓶颈,然而新疆水资源费标准偏低,不利于水资源的"三条红线"管理,建议结合地区实际,提高水资源费标准,充分发挥经济杠杆的作用,促进节约和保护水资源。

7.11.1.2　市场调节的水价部分——工程水价和环境水价

工程水价和环境水价是可以进入市场调节的部分,但进入的是一个不完全市场:第一,经营者要政府特许,因此没有足够多的竞争者,在一定程度上形成自然垄断;第二,特许经营者要受到政府在价格等方面的管制。工程水价就是通过具体的或抽象的物化劳动把资源水变成产品水,使之进入市场成为商品水所花费的代价,包括勘测、设计、施工、运行、经营、管理、维护、修理和折旧的代价,具体体现为供水价格。环境水价就是经使用的水体排出用户范围后污染了他人或公共的水环境,为治理污染和水环境保护所需要的代价,具体体现为污水处理费。

制定流域合理的水价非常重要,通过征收水费解决工程运行管理人员不足、工程的维修养护经费不足、工程带病运行、大部分工程老化失修、供水效率较低等问题。应制定新的水利工程供水价格调整管理办法,以5年为一个调整周期,定期调整供水价格,使水价适应供水工程固定资产的变化及其运行、维修养护管理的实际情况。调整农业供水水价,使其达到成本水价。其他方面的供水水价不但要反映供水成本,还要有一定盈利能力,以保证供水工程的维修、更新的基本需要。水价的提高,可促进地方管理部门树立节水意识,有利于节水事业在流域内快速发展。

7.11.2　流域水价形成机制改革

水价政策改革应以逐步完善水价形成机制为主,进而促进整个水价体制的改革。但同时我们也要清楚地认识到,水价形成机制改革涉及的问题非常复杂:既要建立起准商品化的定价机制,将水价水平提升到足以弥补运营成本的水平,又要充分考虑用水户的承受能力,避免因提价过快或配套补贴措施没有到位而造成一些基本用水需要得不到满足。水价形成机制改革可从以下方面进行:

(1)认真落实《水利工程供水价格管理办法》规定:水利工程供水价格由供水生产成本、费用、利润和税金构成。同时,增加环境水价和返补农业水价部分。

(2)对基本农户、非基本农户(承包经营户、规模经营户、农场)、工业和服务业、城市居民用水等制定并实施不同的水价政策和标准。基本农户按生产成本核定水价,实行定额内用水享受优惠水价、超定额用水实行累进加价制度;非基本农户水价一步到位,按供水生产成本、费用、利润、税金、环境水价核定,实行超额累进加价制度;工业和城市服务业用水按供水生产成本、费用、利润、税金、环境水价、返补农业水价核定,实行超额累进加价制度。环境水价、返补农业水价由水利部门收取、管理、使用,主要用于修建节水工程和对节水户的补贴;城市居民生活用水按供水生产成本、费用、利润、税金、环境水价核定,实行阶梯式水价制度。

(3)为落实用水总量控制,必须实行地表水、地下水两水统管。

(4)生态用水按成本核算水价,由政府进行补贴。

(5)较大幅度地提高水资源费标准,实施累进加价制度。

(6)改革现行水利工程管理方式和水费收缴方式,合理核定农户最终水价,实行"配水到户、核算到亩、按方收费"的方法。农村斗渠以下小型水利工程无偿交给农民用水者协会或农民用水户自己使用、管理和维护。

(7)以 2010 年为水价核定基准年,统一将水价调整到位。南疆四地(州)可先到位 70%,5 年内全部到位。同时,规定以后每 5 年调整一次水价,水价调整文件只需报水利部门和发改委按正常程序监审、批准。

7.11.3　流域合理水价机制的目标

塔里木河流域内以农业用水为主,当地政府为了降低农民负担,更多地强调水的公益性,制定的水价偏低,甚至没有达到供水成本,不能很好地体现水的商品性和稀缺性,发挥不了水价的经济杠杆作用。流域内农业用水量大、用水效率低,不利于吸引社会资金对水利建设的投入,已成为制约流域长治久安、跨越式发展的瓶颈,也阻碍了流域节水型社会的建设。因此,流域内应积极推进水价政策改革,充分发挥水价调节作用,兼顾效率与公平,大力促进流域节约用水和产业结构调整。发挥水价对水资源配置的调节作用,促进节约用水和可持续利用,提高用水效率。按照"一次定价,分步到位",稳步推进农业水价改革。合理确定水价,各级财政承担的公益性岗位人员经费、公用经费和工程维修养护经费不计入供水成本。"十二五"力争达到水成本价的70%,"十三五"基本达到水成本价。末级渠系维护费由农民用水合作组织按照民主协商的原则自行确定。农业供水推行终端水价制度,建立并完善计量合理、规范管理的水费计收体制。制定工业水价指导意见,明确工业水价构成,按照工业供水类型和区域水资源平衡稀缺程度核定水价。实行差异化的水价政策,区分水资源公益性和商品性,农业、工业和服务业用水实行超定额累进加价制度。对农村二轮承包地、牧民定居饲草料地和粮食生产之外的耕地、工业和服务业用水,加收资源水价,拉开高耗水行业水价价差。资源水价由自治区人民政府根据水资源的稀缺程度核定。

7.12 水权管理

7.12.1 水权的内涵

水权制度的起源是由于水资源的短缺、不够用引起的。在水资源丰沛、人口稀少的地方,人们用水取之不尽、用之不竭,又没有向外流域调水要求的时候,谈不到水权。随着人口的增长和工农业生产的发展,水资源逐渐成为一种短缺的自然资源,这时水权制度就在国民经济发展的过程中逐渐产生。水权是水资源的所有权、使用权、经营管理权等与水资源有关的一组权利的总称。

7.12.2　建立水权转让与水市场的意义

节水与水资源的优化配置是实现水资源高效利用、解决水资源短缺的根本措施,水权转让与水市场的政府调控是促进节水与水资源优化配置的有效途径。从全国范围来看,目前我国的水市场尚未发育完善,水资源管理正处于转型期,即处于从单纯的政府调控向政府调控和市场调节相结合转变的过渡期。新疆塔里木河流域水权转让与水市场化改革符合水资源可持续利用的发展方向。众所周知,塔里木河流域水资源很稀缺,且由于种种原因,其水资源的利用效率也不高。以往,塔里木河流域基本上通过行政手段由政府来配置水资源,往往导致水资源价格扭曲、水资源浪费与水资源的低效利用。理论及实践均已证明,它是重新配置水资源的一种有效机制,它能够根据用水的边际效益配置水资源,从而促使水资源从低效益用途向高效益用途转移。水权转让与水市场的作用在于:

(1)通过市场作用,使水资源从低效益的用户转向高效益的用户,从而提高水资源的利用效率,消除各地区各行业分配水量的不合理性。

(2)市场交易具有动态性,水权转让与水市场能够反映总水量的变化和用水需求的变化,在一定情况下能够通过市场重新分配现有水资源来满足社会经济发展对水资源的需求。

(3)通过市场交易机制,可使买卖双方的利益同时增加。例如,上游多用水就意味着丧失潜在收益,即用水要付出机会成本,而下游多用水要付出直接成本,这就为上下游都创造了节水激励机制。

(4)地区总用水量通过市场得到强有力的约束,必然会带动其内部各区域水资源配置的优化,区域又会带动基层各部门用水优化,这样通过一级一级的"制度效仿",可以大大加快微观层次上的水价改革,促进节约用水。因此,在塔里木河流域培育和发展水市场、允许水权交易具有迫切的现实意义。

7.12.3 国内外水权转让

7.12.3.1 国内水权转让

为配合《中华人民共和国水法》的实施,清除水权转让的法律障碍,国务院制定和颁布了《取水许可和水资源费征收管理条例》,并自2006年4月15日起施行,1993年8月1日国务院发布的《取水许可制度实施办法》同时废止。自此,水权转让法律制度有了质的发展。该条例规定:依法获得取水权的单位或者个人,通过调整产品的产业结构、改革工艺、节水等措施节约水资源的,在取水许可的有效期和取水限额内,经原审批机关批准,可以依法有偿转让其节约的水资源,并到原审批机关办理取水权变更手续。具体办法由国务院水行政主管部门制定。虽然仅有一条规定,但该条规定为水权转让确立了法律依据,具有特别重要的意义。

2000年11月,位于金华江上下游的东阳市和义乌市签订了一个水权交易协议,义乌市出资2亿元向毗邻的东阳市买下了约5 000万 m³ 水资源的永久使用权。2005年1月,从东阳横锦水库到义乌市的引水工程正式通水,宣告水权交易获得了实质性的成功。这笔水权交易取得了双赢效果,通过购买水权这种方式解除缺水瓶颈,为义乌市的可持续发展创造了条件。从表面上看,义乌市花费了2亿元,但如果义乌市自己建水库,再多2亿元也是不够的。转让给义乌市的水是"盘活了富余的流水,其成本相当于每立方米1元,转让后的回报是每立方米4元,既让义乌市解脱了水困,又让东阳市充分实现了水资源的价值"。浙江省东阳—义乌水权交易开辟了我国水权转让的先河,之后我国又出现了多起水权转让实例。

1.甘肃张掖节水型试点中的灌溉用水权交易

张掖节水型社会试点初步取得成功并探索出了许多经验。基于当地水资源承载能力,张掖市实行了严格的总量控制和定额管理。在张掖,农民分配到水权后便可按照水权证标明的水量去水务部门购买水票。水票作为水权的载体,农民用水时,要先交水票后浇水,水过账清,公开透明。对用不完的水票,农民可通过水市场进行水权交易。这种水权交易不仅促进了一定范围内水资源的总量平衡和更合理配置,也促进了节水型社会的建设。张掖的水票流转是在微观层面的水权交易,强化了农民用水户节水意识,推动了农业种植结构调整,进一步丰富了我国水权交易的形式。

2. 漳河上游跨省有偿调水

漳河上游流经晋、冀、豫三省交界地区,自20世纪50年代以来,两岸群众就因争水和争滩地等问题发生纠纷。2001年漳河上游管理局调整思路,以水权理论为指导,提出了跨省有偿调水。4~5月,漳河上游管理局经过协调,从山西省漳泽水库向河南省安阳县跃进渠灌区调水1 500万 m^3 ,进行了跨省调水的初步尝试。6月,从上游的5座大中型水库调水3 000万 m^3 ,分配给河南省红旗渠、跃进渠两个灌区及两省沿河村庄。2002年春灌期间,又向河南省红旗渠、跃进渠灌区调水3 000万 m^3 。

漳河上游的3次跨省调水取得了显著的社会、经济效益,有效缓解了上下游的用水矛盾,预防了水事纠纷,促进了地区团结,维护了社会稳定。漳河上游跨省有偿调水是我国跨省水权交易的初次尝试,对我国水权水市场的建立进行了有益的探索。

7.12.3.2　国外水权转让

1. 澳大利亚水权转让制度

自1983年澳大利亚开始实施水权交易以来,水权交易已在澳大利亚各州逐步推行,交易额越来越大,有关的管理体制也在不断地完善。澳大利亚水权交易有州际交易,也有州内交易;有永久性交易,也有临时性交易,转让期限有1年、5年和10年;有部分性的水权交易,也有全部的水权交易。目前澳大利亚水权交易市场有29种类型的交易,大部分的水权交易发生在农户之间,也有小部分发生在农户与供水管理机构之间,其中永久性交易占小部分,大部分属于临时性交易。澳大利亚常常在两个灌溉期之间进行水权交易。水权交易涉及的方面主要包括私人交易、水经纪人和水交易所。

澳大利亚的水权州际交易必须得到两个州水权管理当局的批准,交易的限制条件包括保护环境和保证其他取水者受到的影响最小。流域委员会还会根据交易情况调整各州的水分配封顶线,以确保整个流域的取水量没有增加。水权州际交易对塔里木河流域今后在两个行政区域间进行水权交易提供了良好的借鉴作用。

澳大利亚的州政府在水权交易中起着非常重要的作用,包括提供基本的法律和法规框架,建立有效的产权和水权制度,保证水权交易不会对第三方产生负面影响;建立用水和环境影响的科学与技术标准,规定环境流量;规定严格的监测制度并向社会公众发布信息;规范私营代理机构的权限。

2. 美国西部地区水权转让制度

美国西部地区水权交易具有以下几个特点:首先,交易过程透明,程序严格。在该地区,水权作为私有财产,允许交易。交易多是持有水权的用户以个人或集体的名义进行。其程序类似于不动产,需经过批准、公告、有偿转让等一系列程序。其次,有立法保障。联邦和州政府启动有关立法,鼓励水权交易。针对交易对第三方特别是地方经济依赖于农业服务的乡村社区造成的不良影响,也有一些州的立法为固有的水资源利用区提供保护。如亚利桑那州立法要求,从乡村地区获取地下水权并将水资源输出该地区的市政府必须向"地下水流域经济发展基金"捐资,该基金用于抵消和减轻当地税收损失及相应经济活动的损失。再次,水权交易不断创新,市场机制发挥作用日趋充分。随着水权交易的发展,该地区出现了水银行。水银行将每年来水量按照水权分成若干份,以股份制形式对水权进行管理,简化了水权交易程序。美国西部地区还成立了以水权作为股份的灌溉公司,灌溉农户通过加入灌溉协会或灌溉公司,依法取得水权或在其流域上游取得蓄水权。在灌溉期,水库管理单位把自然流入的水量按水权股份向农户输放,并用输放水量计算各用水户库存的蓄水量,其运作类似银行计算户头存取款作业。最后,第三方组织功能发挥比较充分。美国西部地区的水权交易还有包括水权咨询服务公司等在内的第三方组织作为中介,其在水权交易中发挥着非常重要的作用,几乎所有的水权交易都要通过水权咨询服务公司。

　　3. 智利水权转让制度

　　智利政府管理水权的机构是国家水董事会。当有盈余水时,国家水董事会无偿授予申请者地表水及地下水的用水权。早期的水法规定,国家水董事会在私有水权方面几乎没有任何权力,大部分水管理的决策由个人或者用水户协会作出。智利的用水户协会有一个重要的作用,就是维护和管理水渠。当水权交易损害第三方利益时,国家水董事会无权干预和解决纠纷,受害方可以向水渠委员会或者法院提出申诉,由法院受理。而智利的法官很少有水权方面的专家,且法律系统又承担着压力,所以申诉过程缓慢而无章可循。尽管如此,国家水董事会仍然保留着一些重要的技术处理和管理方面的作用,比如收集和掌握水文数据,监督大坝等大的水工建筑物的构建,保留公共水权以及用水户协会的登记等。1981 年水法将水权完全从土地所有权中分离出来,这在智利的历史上还是第一次,而且规定的私有权更广泛,水权可以自由买卖、抵押并交易,就像其他财产一样。水权持有者不用征得国家水董事会同意就可以自由地改变水权使用的地点和形式,新水权的申请者不必向国家水董事会详细说明理由或充分论证新水权的用途(早期的水法规定了不同用水者的优先次序)。如果水不能满足同一时期水权申请者的需求,国家水董事会则派出拍卖员,把新水权拍卖给出价最高的人。除个别限制外,水权持有者可以任何原因,向任何人按自由协商的价格出售水权。

7.12.4　水权转让机制应用

　　塔里木河流域自实施适时水量调度以来,将水资源管理提到了一个新的高度。从上往下,从塔里木河流域水利委员会到流域各地(州)、兵团(师)以及各县(市)、各团场,最后到各乡(镇)、各连队,形成一条层层管理、责任到人的管理链条。由塔里木河流域水利委员会向流域各地(州)、兵团(师)下达限额用水指标,继而向下一级接一级地计划限额分配,签订责任状,从而既能保证各地(州)的国民经济的持续发展,又能保证塔里木河流域的下游生态用水。适时水量调度的实践,积累了宝贵的经验,但同时也反映出了一些不足之处,主要表现为:水量统一调度管理手段单一,目前主要依靠行政指令实施调度,调度成本高,协调难度大。一般水权主体缺乏利益表达,行政配置水权的模式打消了水权主体参与水资源管理的积极性,忽视了水权市场对水资源供需的基础性调节作用,使得水权主体缺乏节水激励,各流域年度水量下泄指标及引水指标难以完成。

7.12.4.1 水权转让的初始条件

水权市场的建立需要具备一定的基础条件,包括水资源的宏观稀缺条件、初始水权的明晰界定、水权管理机构的设立、水利基础设施的完善等。在塔里木河流域,已初步具备建立水权市场的基础条件。

(1)水资源的宏观稀缺条件已经满足。塔里木河流域特殊的地理位置和干旱的气候条件决定了水资源的自然性。社会经济的迅速发展引起的用水量的大幅提高,加剧了流域内水资源的短缺程度。同时,人们对绿洲生态的关注也要求提高生态用水的保障程度。水短缺已成为影响塔里木河流域社会经济持续发展、生态系统稳定的最重要因素。在塔里木河流域,水资源的宏观稀缺条件为流域内水权市场的建立提供了基础条件。

(2)初始水权逐渐明晰。为了缓解塔里木河流域水资源供需矛盾日益突出、流域生态环境不断恶化的局面,2003 年 12 月新疆维吾尔自治区人民政府下发了《关于印发塔里木河流域“四源一干”地表水水量分配方案等方案的通知》(新政函〔2003〕203 号),分配方案在各流域不同保证率来水情况下,主要对关键控制断面的下泄水量和各用水单位的区间耗水量进行分配(区间耗水量是区间来水断面和泄水断面之间消耗的水量,由国民经济用水、河道损失两部分组成)。由此制定各流域不同保证率来水情况下的年度限额用水和下输塔里木河水量,并将年度限额水量分解到年内各时段和各断面,进行年内调度分配,以确保各源流在满足年度用水限额的前提下向塔里木河干流输水。

(3)水权管理机构已经设立。为解决塔里木河流域水资源开发利用的重大问题,成立了塔里木河流域水利委员会(决策机构),其下设立了执行委员会(执行机构),并在新疆维吾尔自治区水利厅设立了执行委员会办公室。塔里木河流域管理局作为其办事机构,具体负责塔里木河流域水资源事宜。除此之外,塔里木河流域各源流管理局及相应地区的水行政主管部门负责各自管辖范围内的水资源管理。这种自上而下环环相扣的管理机构为水权管理提供了有效的组织机构支撑,同时也为水权市场的建立提供了良好的条件。

(4)水利基础设施逐步完善。国务院2001年2月批准实施《塔里木河流域近期综合治理项目》,投资107.4亿元,通过源流灌区改造、节约用水、合理开发利用地下水、干流河道治理、退耕封育保护等综合治理措施,增加各源流汇入塔里木河干流的水量,保证大西海子水库以下河道生态需水。综合治理项目的实施,使源流灌区的输配水工程设施逐步完善,使干流河道的输水能力大大提高,为水权的流转创造了硬件条件。塔里木河流域中,可以进入水权市场用于交易的水权受到严格限制。

按照水的使用途径,水权可分为社会经济水权和自然生态水权两大类。在塔里木河流域,占据主导的工农业生产水权和生态用水水权中,生态用水水权是不允许转让的,只有具有私人物品特征的那部分水权才允许进入水权市场流转。

7.12.4.2 塔里木河流域水权转让管理

塔里木河流域水权转让管理主要体现在水权市场的空间结构、水权市场的主客体与管理机构和水权市场的运行结构等方面。

1.塔里木河流域水权市场的空间结构

根据塔里木河流域内的行政区划,对应初始水权的四级层次,塔里木河流域水权市场的空间结构可分为流域级、地区级、县市级和用水者协会级四个层次。

第一层次:流域级水权市场。建立全流域范围的水权市场,既是统一管理流域水资源的需要,也是促进流域水资源可持续利用的需要。阿克苏河、叶尔羌河、和田河、开都—孔雀河都直接与塔里木河干流发生水流联系,但四条源流彼此之间并不发生直接的水流联系。因此,该层次的水权交易采取两种形式:一种是直接交易形式,指四个源流与干流之间的交易;另一种是间接交易形式,指源流与源流之间的交易。塔里木河流域第一层次水权市场空间结构如图7-3所示,图中虚线代表间接交易,实线代表直接交易。

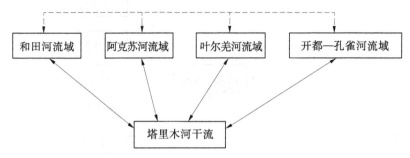

图7-3　塔里木河流域第一层次水权市场空间结构

第二层次:地区级水权市场,指在源流流域内部地方与兵团以及塔里木河干流上、中、下游之间的水权市场。在阿克苏河流域,为阿克苏地区与兵团第一师;在和田河流域,为和田地区与兵团第十四师;在叶尔羌河流域,为喀什地区与兵团第三师;在开都—孔雀河流域,为巴州与兵团第二师;塔里木河干流则为阿克苏地区(上游)、巴州(中游)与兵团第二师(下游)。塔里木河流域第二层次水权市场空间结构如图7-4所示。

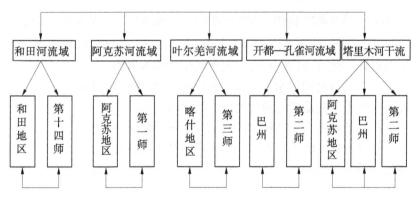

图7-4　塔里木河流域第二层次水权市场空间结构

第三层次:县市级水权市场,指地(州)内各县(市)、兵团师内各团场之间的水权市场。以阿克苏河流域为例,第三层次水权市场空间结构如图7-5所示。

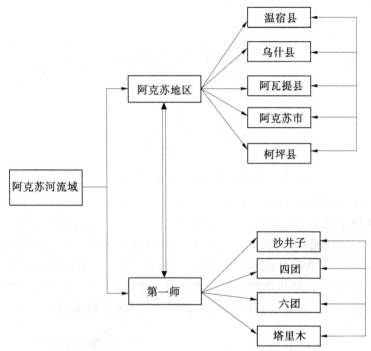

图 7-5   塔里木河流域第三层次水权市场空间结构(以阿克苏河流域为例)

第四层次:用水者协会级水权市场。在县(市)内部,按照乡镇组建用水者协会,在团场内部,按照连队组建用水者协会。用水者协会负责协会内成员之间的水权分配、冲突调解、水费征收、水权交易以及代表协会内成员利益参与同其他协会的水权交易。

2.塔里木河流域水权市场的主客体与管理机构

水权市场主体与客体是水权市场的基本构成要素。水权市场的客体是交易所指向的对象、内容或者标的。在塔里木河流域,各层次水权市场客体为依照法律法规规定按程序取得的水权。由于自治区只对塔里木河流域地表水分配进行了规定,即《塔里木河流域"四源一干"地表水水量分配方案》,因此塔里木河流域水权市场的客体暂时限定在地表水水权范围内,待国家、自治区对地下水分配有了明确的规定以后再考虑。

　　根据塔里木河流域的实际,为了今后水权市场发展的需要,按照水权市场的空间结构,组建相应的供水公司,从而避免地方政府作为市场主体,既充当运动员又充当裁判员的局面,影响水资源的公平和高效配置。水权市场管理机构如图7-6所示。

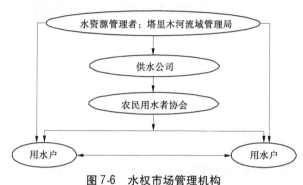

图7-6　水权市场管理机构

　　在各县水管总站、团场管理所的监管下,用水者协会之间也可参与水权的永久性或临时性交易。而在用水者协会内部的成员之间,由于交易水权量较小、影响范围较窄,用用水者协会管理即可。这对水资源合理配置有积极的作用。同时,水权市场主体采用"供水总公司—分公司—用水者协会"的模式,对水资源费的征收、水价的改革也具有重要的作用。各级供水公司的取水总量受到初始水权的限制,超额取水,将受到经济、行政和法律手段的制裁。在没有组建供水公司前,水权市场的主体为流域内各级政府、组织机构(如用水者协会、用水企业等)或者个人(如农村用水者协会内的成员)。而在组建了供水公司后,参与水权交易的主体主要是组织机构(如供水公司、用水者协会、用水企业)或者个人。

　　3.塔里木河流域水权市场的运行结构

　　塔里木河流域水权市场由五个部分组成:供水者和需水者组成的市场主体、市场管理者塔里木河流域管理局、蓄水和输水等基础设施、利益冲突协调机制、规章制度系统(见图7-7)。这五个组成部分之间的运作机制是:

　　(1)规章制度系统统领水市场的一切转让活动,市场供需双方、市

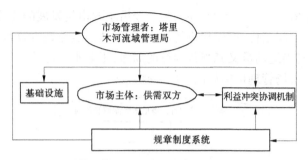

图7-7　塔里木河流域水市场运作机制

场管理者塔里木河流域管理局的活动都要以一定的规章制度为基础，在转让过程中发生的利益冲突也要依据一定的规章制度来解决，这样，水市场就能有法可依，有序进行。

（2）塔里木河流域管理局依据水市场规章制度对水市场进行管理，建立蓄水和输水等基础设施，并在实践中逐步完善管理行为，建立健全水市场的规章制度。

（3）市场转让主体之间发生利益冲突，转让双方对第三方造成不利的影响时，在塔里木河流域管理局的组织、领导和协调下进行解决。

7.13　流域生态补偿机制

7.13.1　生态补偿机制理论

7.13.1.1　生态补偿的概念

关于生态补偿的定义，众说纷纭，且不同学者有着不同的理解和阐述。目前，还没有一个标准的、统一的定论。《环境科学大辞典》给出的"自然生态补偿"的定义为：生物有机体、种群、群落或生态系统受到干扰时，所表现出来的缓和干扰、调节自身状态使生存得以维持的能力，或者可以看作生态负荷的还原能力；或是自然生态系统对由于社会、经济活动造成的生态环境破坏所起的缓冲和补偿作用。但最一般地，则将生态补偿理解为一种资源环境保护的经济手段。将生态补偿机制看成调动生态建设积极性,促进环境保护的利益驱动机制、激励机制和协调机制。章铮认为狭义的生态环境补偿费是为了控制生态破坏而征收的费用,其性质是行为的外部成本,征收的目的是使外部成本内部化。而庄国泰等将征收生态环境补偿费看成对自然资源的生态环境价值进行补偿,认为征收生态环境补偿费的核心在于:为损害生态环境而承担费用是一种责任,这种收费的作用在于它提供一种减少对生态环境损害的经济刺激手段。在 20 世纪 90 年代前期的文献报道中,生态补偿通常是生态环境加害者付出赔偿的代名词。而 90 年代后期,生态补偿则更多地指对生态环境保护、建设者的财政转移补偿机制,例如国家对实施退耕还林的补偿等。同时,出现了要求建立区域生态补偿机制,促进西部的生态保护和恢复建设的呼声。

随着经济、人口与社会的快速发展,自然生态环境的承载能力已经处于“超负荷”状态,其还原能力如果得不到补偿就会衰退而逐渐丧失。人类已经意识到了这一点,为了自身与后代的生存和发展,开始不断加强生态环境与资源的保护,以实现生态环境的和谐发展和资源的可持续利用。因而,相应地,我们可以把已经融入当代社会“人文精神”的“生态补偿”概念定义为:人类为保护生态环境而对生态地区给予一定的经济、技术或政策上的支持,使该区域自然生态的各项功能借助这种“外力”得以恢复、改善或提高,以便更好地服务人类。

7.13.1.2 生态补偿的原则

生态补偿的目的不是最终得到多少钱,而是迫使污染者或破坏者采取治理措施,从而可以减少和规避罚款,达到保护生态环境的一种手段。一方面要不断地培养和强化公众保护生态环境的意识;另一方面,生态保护者一方和受害者一方要切实把得到的补偿用于生态保护和建设中去。

根据生态补偿的定义,结合我国现有环境保护法律和法规原则,参考和总结国内外的相关文献,在建立水源保护地生态补偿机制时主要遵循以下几条基本原则:

(1)“谁保护,谁受益”原则。这是针对生态环境保护者所采取的一条重要原则。众所周知,生态保护行为具有较高的正外部效应,如果不对包括水源保护地在内的生态保护区以及保护者给予一定的补偿,就会导致社会上"搭便车"行为普遍存在,同时也会大大削弱保护人的积极性,从而不利于生态环境的保护和建设。水源保护地生态的保护尤为如此,水源保护地水质和河道的良好维护与保护,不仅改善和提高了整个城市的饮用水质,降低了洪涝灾害的发生,还增强了流域内的景观价值、促进生态旅游事业蓬勃发展。因而,付出努力的生态环境保护者应当得到一定的补偿、政策优惠或税收减免的激励,将正的外部效应内部化。

(2)"谁污染,谁付费"原则。与上面相反,这是将生态环境损害方所产生的负外部效应内部化的一条基本原则。通过对水源保护地所有的污染行为主体征收费用,将其所带给社会的负的外部成本内部化,使得环境污染的私人成本接近政府治理污染的社会成本,刺激生产者减少污染或转移到污染少的生产上来。"污染者支付原则(PPP)"是世界经济合作与发展组织理事会于1972年决定采用的环境政策基本规则,之后被广泛应用于各种污染的控制。

(3)"谁受益,谁付费"原则。这是针对生态环境改善的受益群体所采取的一条重要原则。仍以水源保护地的保护为例,城市非水源保护地或得利部门在享受水源保护地生态环境改善所带来的好处的同时,如若不给予付出努力的保护方一定的补偿,显然是有失公正的。补偿费用的收缴一般从可操作性较强的水、电费中抽取。但由于许多情况下,生态保护的受益主体不是很明确,此时地方政府应当成为补偿的主体,并从其财政中支付或转移支付该部分费用。

(4)"公平补偿"原则。即在补偿政策的制定方面要考虑的公平性问题。一般地,生态的公平补偿原则包括代内公平原则、代际公平原则与自然公平原则。代内公平原则是要协调好国家、生态水源保护地内的地方政府、企业和个人之间的生态利益;代际公平原则是要兼顾当代人与后代人的生态利益(也有学者称此原则为"可持续性"原则);自然公平原则体现在对各种生态类型补偿后的生态恢复上。

(5)"灵活性"原则。这里的灵活指补偿手段的采取要灵活,要多种方式相结合。生态补偿涉及多方面的行为主体,关系错综复杂,没有公认的补偿标准和方法,补偿方式也多种多样,加之各生态水源保护地的特征又不尽相同,所以在补偿手段或方式的选择上不应采取"一刀切"。应该根据自身特点,结合当地的发展状况,因地制宜地实施补偿。由于目前生态市场发展的不成熟,生态环境保护多属公共事业,而市场在资源配置上还存在缺陷,所以需要政府的主导推动作用。应灵活运用宏观调控和市场的微观调节能力,采取"政府补偿与市场补偿相结合"的方法,更加有效地实施生态补偿。

(6)"广泛参与"原则。这是针对生态补偿过程中所有利益相关者和广大群众所应当采取的一条重要原则。只有通过相关利益方的广泛参与,以及公众的舆论监督,才能使得补偿机制的管理和运行更加有效率、民主化、透明化。另外,参与式发展不仅有利于保护和提高参与者的利益,也有助于提高他们的环境保护意识和积极性。

7.13.2 生态补偿机制示例

7.13.2.1 国内流域生态建设补偿

1. 福建省建立流域生态补偿机制的实践

在省域内流域上下游的生态补偿实践方面,福建省流域自成体系,闽江、龙江、晋江等主要流域基本不涉及跨省的问题。自 2003 年开始,这三个流域生态补偿机制已初见端倪,这里以闽江为例进行介绍。

(1)设立专项资金。2005～2010 年,福州市政府每年增加 1 000万元闽江流域整治资金,用于支持上游的三明市和南平市,各 500 万元;三明市、南平市在原来闽江流域整治资金的基础上,每年各增加500 万元,与福州市资金配套用于闽江流域治理。每年合计 2 000 万元,由福建省财政设立专户管理,专款用于流域三明、南平段的治理。福建省环保局"切块"安排 1 500 万元资金,参照专项资金的拨付办法使用。

(2)资金使用方式。专项资金主要用于三明市、南平市辖区内列入福建省人民政府批准的《闽江流域水环境保护规划》和年度整治计划内的项目,重点安排畜禽养殖业污染治理、农村垃圾处理、水源保护、农村面源污染整治示范工程、工业污染防治及污染源在线监测监控设施建设等项目。

2. 黑河流域生态补偿机制

甘肃省黑河流域在水资源日益短缺和黑河分水的双重压力下,现有绿洲农田的维系与发展受到极大的挑战。张掖地区在黑河分水后所面临的水资源短缺以及绿洲社会经济生态稳定发展的形势非常严峻。2000~2002年,张掖市在水源吃紧的情况下累计向下游输水22.1亿m^3,造成本区有效灌溉面积减少、绿洲生态环境持续性退化和脆弱程度增加;在退耕还林区,一些地方基层政府只解决了生态移民的安置和一定的生活赔偿问题,缺乏对他们的进一步帮扶以及利益的保障。为解决这些问题,2003年张掖市对祁连山林区腹地和浅山区居住农牧民以及山丹县大黄山林区的农牧民3 839户共1.65万人实行整体搬迁安置。张掖市退耕还林效果尤为明显,2002年退耕还林任务1.385万hm^2,已兑现补助粮食3 437万kg等。同时,流域内各地方政府在草地资源规划、林地建设调整适应水资源现状的产业结构方面都做了大量工作。通过采取移民安置、育林工程、水域保护以及自然保护区保护等措施,对保障流域居民的基本生活和恢复流域生态环境起到了一定的作用。

3. 新安江流域生态补偿机制

新安江是浙江、安徽两省间的省际河流。改革开放以来,地处东部沿海的浙江省经济快速发展,而位于中部地区的安徽省经济发展相对滞后。随着下游地区的持续发展,水资源开发利用量将不断增加,水环境污染负荷将不断加重,下游地区迫切要求上游地区持续不断地提供优质水源来支撑水资源和水环境承载能力,上游地区则迫切要求加快发展,缩小差距,用水量和废污水排放量也将不断增加。在这种情况下,全流域水资源可持续利用和水环境可持续维护就会面临很大的压力。因此,新安江流域建立了生态共建共享机制。同时,对新安江流域上游地区的水资源价值、上游地区水生态保护与建设投入、上游地区水生态效益分享与成本分担、新安江流域生态共建共享示范区建设等进行了探讨。

7.13.2.2　国外流域生态建设补偿

　　针对生态补偿,国际上比较通用的概念是"生态/环境服务付费"(Payment for Ecological/Environmental Services)、"生态/环境服务市场"(Market for Ecological/Environmental Services)和"生态/环境服务补偿"(Compensation for Ecological/Environmental Services),其实质是由于生态建设者往往不能因为提供各种生态环境服务(水流调节、生物多样性和碳蓄积)而得到补偿,因此对提供这些服务缺乏积极性,通过对提供生态/环境服务的土地利用者支付费用,可以激励保护生态环境的行为。这种利用经济手段调整经济社会发展与生态保护关系的思想,在1992年联合国《里约环境与发展宣言》及《21世纪议程》中是这样表述的:在环境政策制定上,价格、市场和政府财政及经济政策应发挥补充性作用;环境费用应该体现在生产者和消费者的决策上;价格应反映出资源稀缺性和全部价值,并有助于防止环境恶化。由此,生态环境补偿问题开始被更多国家认识并付诸实践。国际上,流域生态服务市场最早起源于流域管理和规划,如美国田纳西州流域管理计划旨在减少土壤侵蚀,对流域周围的耕地和边缘草地的土地拥有者进行补偿。美国政府重视对生态环境的建设与保护,政府承担大部分资金投入。为加大流域上游地区农民对水土保持工作的积极性,采取了水土保持补偿机制,即由流域下游水土保持受益区的政府和居民对上游地区做出环境贡献的居民进行货币补偿。20世纪后期,美国的水土保持走上了进一步改善环境质量、保持生态系统稳定协调发展的新阶段。在生态林养护方面,美国采取由联邦政府和州政府进行预算投入,即选择"由政府购买生态效益、提供补偿资金"等方式来改善生态环境;在土地合理运用方面政府购买生态敏感土地以建立自然保护区,同时对保护地以外能提供重要生态环境服务的农业用地实施"土地休耕计划"(Conservation Reserve Program)等政府投资生态建设项目。例如,美国纽约市与上游Catskills流域(位于特拉华州)间的清洁供水交易。纽约市90%的用水来自于上游Catskills流域。1989年美国环保局要求,所有来自于地表水的城市供水都要建立水的过滤净化设施,除非水质达到相应要求。纽约市经过估算,要建立新的过滤净化设施,需要投资

60 亿~80 亿美元,加上 3 亿~5 亿美元/年运行费用。而如果对上游 Catskills 流域在 10 年内投入 10 亿~15 亿美元以改善流域内的土地利用和生产方式,水质就可以达到要求。因此,纽约市最后决定投资购买上游 Catskills 流域的生态环境服务。如向该流域的奶牛场和林场经营者支付 4 000 亿美元,使他们采用对环境友好的生产方式。

德国易北河的生态补偿机制也具有很好的启示作用。易北河贯穿两个国家:上游在捷克,中下游在德国。1980 年前从未开展流域整治,水质日益下降。1990 年后,德国和捷克达成采取措施共同整治易北河的双边协议,成立双边合作组织,目的是改良农用水灌溉质量,保持流域生物多样性,减少流域两岸污染物排放。易北河流域整治的经费来源一是排污费,二是财政资金,三是研究津贴,四是下游对上游的经济补偿。现在,易北河水质已大大改善,德国又开始在三文鱼绝迹多年的易北河中投放鱼苗并取得了可喜的成绩。

以色列的生态补偿采用水循环利用的方式,即"你排出多少,我经过处理再给你反馈多少",这种做法实质上属"中水回用"。通过这种方式,占全国污水处理总量 46%的出水可直接回用于灌溉,其余 32%和约 20%分别回灌于地下或排入河道。回用流程是:城市污水收集—处理中心—处理—季节性储存—用户—使用及安全处置,这样,以色列 100%的生活污水和 72%的城市污水得到了回用。

国际上流域生态补偿工作比较成功的例子包括:澳大利亚通过联邦政府的经济补贴,来推动各省的流域综合管理工作;南非将流域生态保护与恢复行动和扶贫有机地结合起来,投入约 1.7 亿美元/年雇用弱势群体来进行流域生态保护,改善水质,增加水资源供给;纽约水务局通过协商确定流域上下游水资源与水环境保护的责任及补偿标准等。

另一个流域生态补偿的典型例子是哥斯达黎加水电公司对上游植树造林的资助。它是通过植树造林和保护植被调节河流径流量,购买的生态服务类型为水土调节。Energies Global 是一家位于 Sarapiqui 流域、为 4 万人提供电力的私营水电公司,其水源区是面积为 5 800 hm^2 的两条支流。由于水源不足,公司无法正常生产。为使河流年径流量均匀增加,同时减少水库的泥沙沉积,Energies Global 按每公顷土地 18

美元向 FONAFIFO(国家林业基金)提交资金。国家林业基金再另添加 30 美元/hm², 以现金的形式支付给上游的私有土地主, 要求这些私有土地主必须同意将他们的土地用于造林、从事可持续林业生产或保护有林地, 而那些刚刚皆伐过林地或计划用人工林取代天然林的土地主将没有资格获得补助。另外, 两家哥斯达黎加公共水电公司(Companies de Fuerzay Luz 和 CNFL)和一家私营公司(Hydroelectric Platanar)也都通过 FONAFIFO 向土地主进行补偿。Heredia 公司还将这种做法推广到饮用水行业, 提高水费用于筹建流域保护的信托基金。

7.13.3　塔里木河流域生态补偿机制探讨

长期以来, 塔里木河流域源流与干流、上游与下游、经济社会与生态环境用水矛盾, 地方与兵团之间水事纠纷频发, 流域个别地区生态环境退化。流域生态系统退化的根源是流域发展过程中的人为干扰, 水资源受到过度开发, 其所带来的环境干扰引发生态退化, 成为流域可持续发展的重大障碍, 威胁流域发展安全, 增加经济建设成本, 导致生态恢复重建与社会经济发展的矛盾。虽然经过多年的共同努力, 塔里木河治理取得了举世瞩目的社会、经济、政治效益和生态效益, 但是流域水资源统一管理、统筹兼顾、和谐发展、全面发展的思想还没有深入人心, 流域内用水户大局意识、全局意识不强, 节约用水、限额用水的意识不强。

7.13.3.1　流域占用生态水补偿机制

目前, 塔里木河流域水资源管理存在的突出问题之一是抢占生态用水, 威胁着流域生态环境。这个突出问题反映了目前在流域水资源管理和生态保护方面还存在着一些政策缺位, 特别是有关流域生态建设和水资源管理的经济政策严重短缺, 使得生态效益及相关的经济效益在保护者与受益者、受益者与受害者之间不公平分配, 导致了受益者无偿占有, 未能承担破坏生态的责任和成本;受害者得不到应有的经济补偿, 挫伤了节约用水和保护生态的积极性。这种生态保护与经济利益关系的扭曲, 不仅使流域的生态保护和水资源管理面临很大困难, 而且也影响了地区之间以及利益相关者之间的和谐。按照"谁破坏、谁治理,谁占用、谁补偿"的原则,提出建立和实施塔里木河流域生态水量占用补偿机制,制定《塔里木河流域生态水占用补偿费征收管理办法》。对占用塔里木河流域生态水量的,按下列标准累进加价征收生态水量占用补偿费:超限额 10% 以内的部分按其当地水价的 3 倍缴纳生态水量占用补偿费;超限额 10% ~ 20% 的部分按其当地水价的 6 倍缴纳生态水量占用补偿费;超限额 20% 以上的部分按其当地水价的 10 倍缴纳生态水量占用补偿费。未经自治区人民政府批准,对擅自挤占生态水的单位和个人,按其当地水价的 15 倍缴纳生态水量占用补偿费。

通过该机制的实行,对塔里木河流域内部分地(州)、兵团师和用水单位抢占挤占生态水的情况,实施强制性补偿的政策措施。征收塔里木河流域生态水量占用补偿费,建立和实施生态水补偿机制后,对抢占挤占生态水的单位,除在流域内通报批评外,由塔里木河流域管理局代表政府强制要求占用者按累进加价的方法和规定的标准缴纳生态水量占用补偿费。这样使占用者要付出高额的代价,无利可图,节约用水、不超用水者不吃亏,就能维护流域水资源有序管理,统筹兼顾,促进流域经济社会全面、协调、可持续发展。

征收流域生态水量占用补偿费是一种政府强制措施,具有惩罚性质,其征收决定和缴纳数额是塔里木河流域水利委员会确定的,由塔里木河流域管理局代表政府按年征收、管理和使用。自治区人民政府每年都要与流域地(州)、兵团师签订年度用水目标责任书;塔里木河流域管理局每年也要与塔里木河干流的县(市)、团场和用水单位签订年度用水目标责任书。这些年度用水目标责任书确定了流域地(州)、兵团师,以及有关县(市)、团场和用水单位的年度用水限额与计划取用水量。每年的实际取用水量与用水目标责任书确定的用水限额和计划取用水量的差值,就是生态水量的占用数。对违反办法规定,拒不缴纳生态占用补偿费的,由塔里木河流域管理局报自治区水行政主管部门、财政部门,或兵团水利局、财政局,从其财政预算拨款或财政转移支付款中抵扣。对抢占挤占生态水的单位,在进行流域内通报批评、追究领导责任的同时,还要责令其按当地水费的若干倍缴纳生态补偿费。对占用他人限额内水量的,以其高位水价的若干倍给予补偿。充分发挥水价的杠杆调节作用,强化人们的节约用水意识,促进节水型社会建设。这个制度是有利于维护流域水资源统一有序管理,统筹兼顾,促进流域经济社会全面、协调、可持续发展的。

7.13.3.2 设立流域生态治理专项资金

借鉴国内福建省流域生态补偿机制的成功经验,在塔里木河流域设立流域生态治理专项资金,由自治区人民政府或水利部每年投入一定的资金,用于支持塔里木河源流及塔里木河干流流域治理;由塔里木河流域管理局设立专户管理,专项资金主要用于源流和干流上游年度整治计划内的项目,重点安排畜禽养殖业污染治理、农村垃圾处理、水源保护、工业污染防治及污染源在线监测监控设施建设等项目。资金的拨付办法参照财务的专项资金管理办法。

7.13.3.3 进行流域生态功能区划,确定产权主体

根据生态补偿的目标和定位,对流域进行生态功能区划分,进行分区管理建设。生态补偿政策的制定首先要解决的两个基本问题是"为什么要补,谁补给谁"的产权问题,而进行流域生态功能区划和经济发展区划是准确解决上述问题的最好方法。生态功能区是通过系统分析生态系统空间分布特征,明确区域主要生态问题、生态系统服务功能重要性与生态敏感性空间分异规律,制订出来的区域生态功能分区方案。生态功能分区是确定优化开发、重点开发、限制开发和禁止开发四类主体功能区的基础,四类主体功能区是对生态功能区的经济发展定位。只有清晰界定了接受或支付生态补偿的区域或主体,才能明确各个功能区的职责,并据此制订本地区的经济发展规划,这是生态补偿机制建立的法律与政策依据。

7.13.3.4 广泛吸收相关利益主体参与生态补偿机制的建设

在生态补偿机制建立的过程中要鼓励相关利益群体充分参与其中。生态补偿政策的根本目的是调节生态保护背后相关利益者的经济利益关系,进而形成有利于生态环境保护的社会机制。对于一个涉及众多利益相关者的政策,要保证公平和合理,就必须让利益相关各方公平参与。具体来说,就是要针对不同地区生态环境功能和生态补偿机

制的差异来引导本地居民参与生态机制的建设。比如对塔里木河干流经济相对发达地区,可以利用较为完善的市场机制积极探索市场补偿的方式;对经济相对欠发达的源流地区而言,在补偿贫困地区居民因保护环境而牺牲的机会成本的同时,要结合当地情况吸纳当地居民参与发展与环境生态相适应的产业结构,鼓励补偿区人民承担生态保护建设项目,通过项目来真正持续提高居民收入,环境脆弱的落后地区的生态保护才能可持续地发展下去。

7.14　考核和奖惩机制

7.14.1　严格责任考核

认真落实《中共中央国务院关于加快水利改革发展的决定》(国办发〔2011〕1号)精神,严格实施水资源管理考核制度。水行政主管部门会同有关部门,对各地区水资源开发利用、节约保护主要指标的落实情况进行考核,考核结果交给干部主管部门,作为地方政府相关领导干部综合考核评价的重要依据。自治区人民政府对地(州)、兵团师落实最严格水资源管理制度情况进行考核,地(州)、兵团师是实行最严格水资源管理制度的责任主体,地(州)、兵团师主要负责人对本行政区域水资源管理和保护工作负总责。考核工作与国民经济和社会发展五年规划相对应,每5年为一个考核期,采用年度考核和期末考核相结合的方式进行。在考核期的第2~5年上半年开展上年度考核,在考核期结束后的次年上半年开展期末考核。年度或期末考核结果为不合格的地(州)、兵团师,要在考核结果公告后一个月内,向自治区人民政府和兵团司令部作出书面报告,提出限期整改措施,同时抄送考核工作组成员单位。对整改不到位的,由监察机关依法依纪追究该地区有关责任人员的责任。经自治区人民政府审定的年度和期末考核结果,交给干部主管部门,作为对地(州)、兵团师主要负责人和领导班子综合考核评价的重要依据。

流域管理局及所属管理站主要负责人加强对本辖区的水量管理工

作,严格实施水量管理责任和考核制度。管理局对各管理站辖区内用水主要指标的落实情况进行考核,考核结果作为相关领导干部综合考核评价的重要依据。同时,加强水量水质监测能力建设,为强化监督考核提供技术支撑。积极推动实行最严格水资源管理制度考核办法的出台。

7.14.2 建立奖惩机制

对在落实最严格水资源管理制度中期末考核结果为优秀的地(州)、兵团师,自治区人民政府予以通报表扬,有关部门在相关项目安排上优先予以考虑。对在水资源节约、保护和管理中取得显著成绩的单位和个人,按照国家有关规定给予表彰奖励。

对地(州)、兵团师落实最严格水资源管理制度情况考核结果不及格的,提出整改措施。整改期间,暂停该地区建设项目新增取水和入河排污口审批,暂停该地区新增主要水污染物排放建设项目环评审批。依据《中华人民共和国水法》、《新疆维吾尔自治区实施〈中华人民共和国水法〉办法》、《新疆维吾尔自治区塔里木河流域水资源管理条例》中相应的法律条款规定,对相关单位处罚,并追究行政首长的责任。

流域管理局及所属管理站管理人员有下列行为之一的,负有责任的主管人员和其他直接责任人员,在年终考核时将受到直接影响,情节严重的将给予行政处分:

（1）不执行水量分配方案和下达的调度指令的;

（2）不执行非常调度期水量调度方案的;

（3）其他滥用职权、玩忽职守等违法行为的;

（4）虚假填报或者篡改上报的取用水量数据等资料的;

（5）不执行塔里木河流域管理局水量调度,超限额引水的。

7.15 积极稳妥地推动节水型社会建设,服务产业结构调整

塔里木河流域各级地方政府和兵团有关师局必须充分考虑当地水

资源承载能力,按照以供定需的原则,进行经济社会布局和产业结构调整,控制人口增长,严禁在塔里木河流域范围内开荒。坚持资源开发规划先行,建立健全水资源合理利用和有效保护的地方性法规,确保资源集约化、高起点、高水平和高效益的开发,大力提高水资源的有效利用率。合理开发利用水能资源,防止盲目圈占水能资源,避免资源浪费。

要加强农业的基础地位,发展优质畜产高效农业,推进农业产业化。把发展高效节水农业作为重中之重的工作抓紧抓好,降低农业用水在全社会供水中的比例,为塔里木河流域经济社会可持续发展提供水资源保障。在流域内,要加强大中型灌区续建配套和节水改造工程建设,实施农田基本建设和中低产田改造,抓好土地平整、渠道防渗等常规节水建设,全面推广高效节水灌溉,因地制宜地发展喷灌、管道灌等节水技术;结合高效节水灌溉,加快改革耕作制度,优化栽培模式,调整种植结构,积极推广多熟高效种植;大力发展旱作节水农业,改善灌区灌溉条件,建立标准化、规范化高效节水综合示范区,推进现代农业发展,大幅度提高土地产出率和资源利用率。到 2020 年,塔里木河流域内农业灌溉水有效利用系数要提高到 0.55,农业用水占全社会用水比重下降到 90% 以下;到 2030 年,塔里木河流域内农业灌溉水有效利用系数要提高到 0.57,农业用水占全社会用水比重下降到 85% 以下。

引导全社会树立节约水资源的意识,大力优化水资源开发方式,加强节能减排工作,建立促进水资源可持续开发的体制机制,推动产业结构向高能效、低能耗、低排放转型,积极发展循环经济,确保水资源合理开发和永续利用。

要强化水资源统一管理,实行严格的水资源管理制度,建立塔里木河流域取用水总量控制指标体系,合理调整用水结构。遵循“节约农业用水,增加工业用水,保障生态用水”的原则,节约出来的水资源重点用于支持塔里木河流域内新型工业化和新型城镇化发展。在流域内城市和工业发展中,要贯彻“节水优先、治污为本”的原则,严格控制兴建耗水量大和污染严重的项目。大力发展节水工业,加大企业节水技术改造力度。加强公共建筑生活小区、住宅节水设施及中水回用设施建设,广泛开展节水型城市创建活动,建设节水型社会。

7.16 加强基础研究

塔里木河流域基础研究工作十分薄弱,提高塔里木河流域综合治理的科学性,需要开展大量的科学研究工作。

根据塔里木河流域基础研究的现状和塔里木河流域综合治理的需要,需要开展基础研究的内容主要包括:塔里木河径流演进规律研究、塔里木河流域地表水与地下水转换规律研究、塔里木河流域生态修复方案研究、塔里木河流域水量调度径流预报模型研究、塔里木河流域骨干水库联合调度研究、不同来水条件下塔里木河干流生态响应研究、塔里木河流域生态调度指标体系研究、气候变化对塔里木河径流影响研究、塔里木河流域生态文明指标体系研究等。

第 8 章　结论与展望

8.1　结　论

本书运用系统科学、经济学、管理科学理论和方法,借鉴国外流域及黄河流域水资源管理体制机制的成功经验和结合流域特点,研究了适应于流域可持续发展的塔里木河流域水资源管理体制机制。本书取得的主要研究成果如下:

(1)在分析塔里木河流域水资源系统特点、流域水资源管理体制的演变过程和水资源管理运行机制基础上,结合塔里木河流域经济社会发展与生态环境保护的需求,提出了流域管理还有诸多问题待进一步解决,以及当前塔里木河流域管理体制机制中存在的主要问题。

(2)在分析和总结国外流域及黄河流域水资源管理体制机制的先进经验及发展趋势的基础上,提出了塔里木河流域应借鉴法国等欧盟及东欧国家实施的综合流域机构模式经验,对流域内地表水与地下水、水量与水质实行统一规划、统一管理和统一经营,加强水资源管理以及控制水污染和管理水生态环境。结合黄河流域水资源管理体制经验,提出了进一步推进塔里木河流域水资源的统一管理,优化以流域为单元的管理模式;流域水资源应向环境友好的综合、集成管理发展。

(3)为了建立全流域的塔里木河流域水资源管理,提出将塔里木河流域的其他五条源流纳入流域统一管理范围和将塔里木河流域纳入国家大江大河治理计划的中长期构想,使塔里木河流域真正实现大流域的统一管理。

(4)为了进一步优化流域水资源管理体制机制,结合塔里木河流域水政执法过程中遇到的实际问题,借鉴黄河水利委员会和辽宁省水利厅水利公安机构的设置与运行经验,根椐塔里木河流域实际,提出了构建塔里木河流域水利公安机构的建议方案。

(5)为了使水资源管理体制与机制得以完善,从法律、行政、经济、技术、市场五个角度,提出了水法规体系建设、加强流域规划管理、地下水管理等方面的措施。

8.2 展 望

塔里木河流域水资源统一管理体制与机制是一个涉及多个学科的、复杂的大系统工程问题。由于作者水平和时间有限,虽然研究取得了初步成果,但是还有许多问题有待于深入研究:

(1)对于塔里木河流域水资源统一管理体制方案应作进一步的研究和完善。

(2)为了使塔里木河流域建立新体制后能发挥其优点,在塔里木河流域中还应多实践,多借鉴国内外的先进经验,结合塔里木河流域实际,在实践中改进、完善。法律法规是管理的依据和准则,因此在流域水资源统一管理中相应的法律法规建设应不断更新和完善。

参考文献

［1］杨贵山,于秀波,李恒鹏,等.流域综合管理导论［M］.北京:科学出版社,
2004.

［2］徐荟华,夏鹏飞.国外流域管理对我国的启示［J］.水利发展研究,2006(5):
56-57.

［3］覃新闻.塔里木河流域水资源管理体制与机制探讨［J］.中国水利,2011(8):
23-25.

［4］蒋建军,刘建林,等.陕西省渭河流域重点治理项目建设管理体制研究［M］.
西安:西北大学出版社,2008.

［5］唐德善,邓铭江.塔里木河流域水权管理研究［M］.北京:中国水利水电出版
社,2010.

［6］宋郁东,樊自立,雷志栋,等.中国塔里木河水资源与生态问题研究［M］.乌鲁
木齐:新疆人民出版社,2000.

［7］商思臣.新疆水文站网规划和建设思路［J］.中国水利,2009(S1):39-40.

［8］张捷斌,刘玉芸.塔里木河流域水资源统一管理问题及对策研究［J］.干旱区
地理,2002,25(2):103-108.

［9］新疆维吾尔自治区人大法制委员会.新疆维吾尔自治区塔里木河流域水资源
管理条例［M］.乌鲁木齐:新疆人民出版社,1997.

［10］郑春宝,等.浅谈国外流域管理的成功经验及发展趋势［J］.人民黄河,1999
(1):44-45.

［11］刘永强.流域与区域相结合的水资源管理研究［D］.西安:西安理工大学,
2005.

［12］张平.国外水权制度对我国水资源优化配置的启示［J］.人民长江,2005(8):
13-14.

［13］刘文强.塔里木河流域基于产权交易的水管理机制研究［D］.北京:清华大
学技术经济与能源系统分析研究所,1999.

［14］黄秋洪.重塑流域管理机构的设想［J］.中国水利,1999(11):22.

［15］李琪.国外水资源管理体制比较［J］.水利经济,1998(1):21.

［16］刘振邦.水资源统一管理的体制性障碍和前瞻性［J］.水利发展研究,2002

(1):17-18.

[17] 唐政生,等.田纳西流域管理体制特点[J].东北水利水电,2000(5):52-53.

[18] 黄强,乔西现,刘晓黎.江河流域水资源统一管理理论与实践[M].北京:中国水利水电出版社,2008.

[19] 陈家琦,王浩,等.水资源学[M].北京:科学出版社,2002.

[20] 马建国,翁方进.我国流域管理体制浅探[J].水利经济,2004,22(3):35-37.

[21] 吴伯健.关于流域管理概念的思考[J].河海水利,1998(6):1.

[22] 任顺平,张松,薛建民.水法学概论[M].郑州:黄河水利出版社,1999.

[23] 赵宝璋,等.水资源管理[M].北京:水利电力出版社,1994.

[24] 吴季松.现代水资源管理概论[M].北京:中国水利水电出版社,2002.

[25] 林洪孝.水资源管理理论与实践[M].北京:中国水利水电出版社,2003.

[26] 石玉波.关于水权与水市场的几点认识[J].中国水利,2001(2):31-32.

[27] 李启家,姚似锦.流域管理体制的构建与运行[J].环境保护,2002(10):8-11.

[28] 彭莉.我国水资源管理模式探讨[J].水资源保护,2005(3):42-45.